Einsteins Relativitätstheorie
ganz ohne Mathematik

Der Mathematiker und theoretische Physiker Dr. Paul Kirchberger (1876 - 1945) zeichnete sich durch seine Erfahrung in der Informationsvermittlung als Professor an der Leibniz-Oberrealschule zu Charlottenburg aus. Er veröffentlichte zahlreiche gemeinverständliche Werke aus den Bereichen Mathematik, Astronomie und Physik einschließlich der Quantentheorie. Dabei stand er nicht nur in Verbindung mit renommierten Wissenschaftlern wie Arnold Sommerfeld, Moritz Schlick, Max von Laue oder David Hilbert, sondern war mit einigen von ihnen befreundet. Das garantierte seinen Veröffentlichungen Authentizität und wissenschaftliche Zuverlässigkeit.

Der Naturwissenschaftler Dipl.-Math. Klaus-Dieter Sedlacek, Jahrgang 1948, lebt seit seiner Kindheit in Süddeutschland. Er studierte neben Mathematik und Informatik auch Physik. Nach dem Studienabschluss 1975 und einigen Jahren Berufspraxis gründete er eine eigene Firma, die sich mit der Entwicklung von Anwendungssoftware beschäftigte. Diese führte er mehr als fünfundzwanzig Jahre lang. In seiner zweiten Lebenshälfte widmet er sich nun seinem privaten Forschungsvorhaben. Er hat sich die Aufgabe gestellt, die Physik von Information, Bedeutung und Bewusstsein näher zu erforschen und einem breiteren Publikum zugänglich zu machen. Im Jahr 2008 veröffentlichte er ein aufsehenerregendes und allgemein verständliches Sachbuch mit dem Titel „Unsterbliches Bewusstsein – Raumzeit-Phänomene, Beweise und Visionen". Er ist der Herausgeber der Reihen „Wissenschaftliche Bibliothek" und „Wissenschaft gemeinverständlich".

Professor Dr. Paul Kirchberger

Klaus-Dieter Sedlacek (Hrsg.)

Einsteins Relativitätstheorie ganz ohne Mathematik

Spezielle und allgemeine Relativitätstheorie

Vom Herausgeber neu bearbeitet

Wissenschaft gemeinverständlich Bd. 5

Bibliografische Information Der Deutschen Bibliothek:
Die Deutsche Bibliothek verzeichnet diese Publikation in
der Deutschen Nationalbibliografie; detaillierte
bibliografische Daten sind im Internet über
http://dnb.ddb.de
abrufbar.

Neubearbeitung
© 2016 Klaus-Dieter Sedlacek
Cover: Sedlacek
Internet: www.klaus-sedlacek.de

Herstellung und Verlag:
BoD – Books on Demand, Norderstedt
ISBN 978-3-7412-5031-6

Inhaltsverzeichnis

1 VORWORT 7
2 EINFÜHRUNG 9
  2.1 Einleitung 9
    2.1.1 Vom Problem 9
    2.1.2 Das kinematische (phoronomische) Relativitätsprinzip 11
    2.1.3 Das mechanische Relativitätsprinzip 13
    2.1.4 Eine wichtige Frage 17
3 SPEZIELLE RELATIVITÄTSTHEORIE 20
  3.1 Die neuen Tatsachen 20
    3.1.1 Der Fizeau-Versuch 20
    3.1.2 Der Michelson-Versuch 22
    3.1.3 Widerspruch der Ergebnisse 25
  3.2 Die lorentzsche Deutung 28
    3.2.1 Theorie 28
    3.2.2 Kritik an der lorentzschen Auffassung 30
  3.3 Einsteins Relativierung des Raums 32
    3.3.1 Die neue Deutung 32
    3.3.2 Licht, Äther und Anschaulichkeit 38
  3.4 Die Relativierung der Zeit 43
    3.4.1 Prinzipien der Zeitmessung und Fragestellung 43
    3.4.2 Ein Beispiel 46
    3.4.3 Die Aberration 50
    3.4.4 Ein zweites Beispiel 54
  3.5 Ergänzungen und Zusammenfassung 55
  3.6 Die vierdimensionale „Veranschaulichung" Minkowskis 61
  3.7 Philosophisches Schlusswort zur „speziellen Relativitätstheorie" 66
4 VOM ALLGEMEINEN RELATIVITÄTSPRINZIP 69
  4.1 Die Rotation der Erde 70
  4.2 Trägheit und Schwere 73
  4.3 Die krummen Lichtstrahlen 82
  4.4 Newton und Einstein 85
  4.5 Das Eisenbahnunglück 91
  4.6 Die Prüfung durch Tatsachen 97
  4.7 Kosmologische Folgerungen 102
  4.8 Vergleich mit Kopernikus 108
5 ZUR LITERATUR 112
    5.1.1 Wissenschaftliche 112
    5.1.2 Populäre 112
    5.1.3 Philosophische 113

1 Vorwort

„Sagen Sie mal, was ist das eigentlich mit der Relativitätstheorie?" bin ich schon von recht vielen philosophisch interessierten Laien gefragt worden, und wenn ich auch ihrem Wunsch, ihnen die Sache in fünf Minuten zu erläutern, nicht immer zu entsprechen vermochte, so hatten solche Gespräche doch manches Gute: Sie halfen mir selber, dem die Relativitätstheorie genau dieselben Schwierigkeiten machte wie allen andern Zeitgenossen, zu größerer Klarheit und bestärkten mich in der Überzeugung, dass es möglich sein müsse, die Kernpunkte auch ohne jedes mathematische Rüstzeug zu entwickeln. Dass man von diesem Standpunkt aus auf einiges verzichten muss, versteht sich von selbst, ansonst ja die Mathematik ein überflüssiges Ding wäre. Aber den Lesern, an die ich in erster Linie denke, kommt es beispielsweise auf die Gestalt der Lorentztransformation nicht an, sondern lediglich auf die Grundgedanken, die Relativierung von Raum und Zeit sowie die Möglichkeit, die Theorie anhand der Tatsachen nachzuprüfen.

Natürlich gibt es schon viele populäre Schriften über unseren Gegenstand. Aber auch „populär" ist ein relativer Begriff. Uhren, die in der x'-Achse des bewegten Systems K' aufgehängt sind und von dem in K ruhenden Beobachter abgelesen werden, machen dem Fachmann keine Schwierigkeiten. Sie absorbieren aber die Aufmerksamkeit des an diese Dinge nicht gewohnten Lesers so stark, dass er nicht nebenbei noch andere und keineswegs einfache Dinge verdauen kann. — Selbstverständlich konnten aber die bisherigen Versuche, die Relativitätstheorie in populärer Form darzustellen, nicht ohne Einfluss auf meine Arbeit sein. Besonders wichtig für mich waren die zahlreichen philosophischen Aufsätze des Herrn Petzoldt sowie die Schriften der Herren Angersbach und Bloch (vergl. den Literaturnachweis am Schluss) und übrigens auch zahlreiche persönliche Unterhaltungen, die ich mit sämtlichen drei Autoren haben durfte. Aber wenn ich nicht glaubte, einem großen und wichtigen Leserkreis noch erreichbar zu sein, dem jene Schriften verschlossen sind, so wäre mein Büchlein nicht entstanden.

Herr Professor v. Laue hatte die große Freundlichkeit, in meine Arbeit vor ihrer Drucklegung Einsicht zu nehmen, einige zweifelhafte Punkte eingehend mit mir zu besprechen, mich beim Lesen der Korrektur zu unterstützen und einem größeren Publikum die Gewähr für unbedingte wissenschaftliche Zuverlässigkeit meiner Arbeit zu bieten. Es ist mir eine angenehme Pflicht, den von mir hochverehrten Mann auch an dieser Stelle meiner herzlichen Dankbarkeit zu versichern. Von den mannigfachen Freunden möchte ich zudem mit besonderer Dankbarkeit die Herren Professoren Schlick (Kiel) und Wieleitner (Augsburg) erwähnen, deren aufmerksame und sehr kritische Lektüre von erheblichem Nutzen war.

Paul Kirchberger

2 Einführung

2.1 Einleitung

2.1.1 Vom Problem

Wenn man politische, philosophische oder auch andersartige Streitigkeiten zu zergliedern und sich die Gründe für ihre gewöhnlich fast völlige Ergebnislosigkeit klarzumachen sucht, so findet man nicht selten als die Ursache dieser betrüblichen Erscheinung eine ungenügende Herausarbeitung des Streitpunktes. Jeder der Streitenden könnte die Behauptungen des Gegners, vielleicht mit dem Vorbehalt, dass sie ihm nicht das Wichtigste zu sein schienen, ruhig zugeben, die beiderseitigen Thesen widersprechen sich gar nicht, eine Widerlegung ist also schon aus diesem Grund unmöglich, und der Streit geht ziel- und endlos weiter. Es ist also für jede ernsthafte Untersuchung von der größten Wichtigkeit, dass der eigentliche Streitpunkt, die Kernfrage, um die alles geht, möglichst klar und unzweideutig herausgearbeitet wird. Mit der Formulierung der richtigen Fragestellung ist nicht selten sowohl für den Forscher als auch für den Lernenden die Hälfte oder sogar der größere Teil der Arbeit bereits geleistet, da manchmal die Antwort leichter ist als die Frage.

Die Geschichte weist auch mehrere Fälle auf, wo selbst eine negative Antwort, d. h. die klare Erkenntnis, dass eine Lösung der Aufgabe in dem ursprünglich erwarteten Sinne durchaus ausgeschlossen ist, von der weittragendsten Bedeutung geworden ist, ja sich sogar als weit fruchtbarer erwiesen hat, als es eine positive Beantwortung getan hätte. Ein bekanntes Beispiel hierfür ist die sogenannte Quadratur des Zirkels, die Aufgabe, ein Quadrat zu konstruieren, das einem gegebenen Kreise inhaltsgleich ist, oder, was auf dasselbe hinauskommt, den Kreis aufzurollen, d. h. eine Strecke zu konstruieren, die eine der Kreislinie gleiche Länge besitzt. Die Lösung der Aufgabe mit Zirkel und Lineal ist unmöglich, aber die Erkenntnis dieser Unmöglichkeit und ihr endlich gelungener Beweis hat die Wissenschaft weit mehr gefördert, als es die verlangte Konstruktion je gekonnt hätte. Ähnliche Beispiele aus der Geschichte der Mathematik ließen sich in ziemlich großer Zahl anführen, aber ungleich bedeutsamer ist ein entsprechender Fall aus der Geschichte der Physik: Die Erkenntnis von der Unmöglichkeit des Perpetuum mobile, d. h. einer dauernd aus sich selbst heraus arbeitenden Maschine, hat zu dem wichtigsten Satz unserer gesamten Naturwissenschaft geführt, dem Satz von der Erhaltung der Energie. Jene Unmöglichkeit und diese Behauptung sind sogar logisch identisch, indem diese aus jener und umgekehrt in schlüssiger Form abgeleitet werden kann.

Ganz ähnlich liegen nun die Dinge bei der Frage, die uns hier beschäftigen wird, der Frage nach dem Sinn und der Möglichkeit der Feststellung einer absoluten Bewegung. Die Frage lautet: **Lässt sich die Bewegung eines Körpers nur relativ, d. h. in Bezug auf andere Körper feststellen, oder auch absolut, d. h. in Bezug auf den bloßen Raum?** Es bedarf nur geringer Überlegung, um festzustellen, dass gemeinhin eine Bewegung stets nur „relativ", also mit Beziehung auf einen als ruhend empfundenen Vergleichskörper, gedacht und beschrieben wird. Bewege ich mich in einem fahrenden Eisenbahnzug oder lange ich mein Gepäckstück vom Netz herunter, so ist natürlich der fahrende Wagen der Bezugskörper, die Bewegung der Eisenbahn selber bezieht sich auf die als ruhend angenommene Erde, die Bewegung der Erde wird auf die Sonne bezogen, die fortschreitende Bewegung der Letzteren auf den Fixsternhimmel und der gegenwärtige Stand der Astronomie, verbieten uns nicht, an eine Fortbewegung der gesamten sichtbaren Fixsternwelt zu glauben, die dann freilich, um einen greifbaren Sinn zu bekommen, andere vergleichsweise ruhende Sternwelten voraussetzen würde. Überall also nur „relative" Bewegung. Wir erklären:

> *Eine Anschauung, die die alleinige Geltung der relativen Bewegung behauptet und der absoluten Bewegung jeden Sinn abspricht und ihre Erkennbarkeit leugnet, nennen wir ein Relativitätsprinzip.*

Wir werden sofort sehen, dass es mehrere Relativitätsprinzipe gibt.

2.1.2 Das kinematische (phoronomische) Relativitätsprinzip[1]

Schließen wir fürs Erste alle naturwissenschaftlichen, insbesondere alle physikalischen Erwägungen aus, und beschränken wir uns auf die rein geometrische Betrachtung, d. h. auf die Raumanschauung, wie sie uns durch den Gesichts- und Tastsinn dargeboten wird, so existiert, wie sofort zu sehen, unbegrenzte Relativität. Bewege ich, indem ich zum Fenster hinaussehe, meinen Kopf nach links, so werde ich durch keine geometrische Überlegung gehindert, die Bewegung nur relativ zur Umwelt aufzufassen. Ich kann mir also vorstellen, dass diese, und nicht mein Kopf, sich bewegt hat, allerdings nach rechts, und zwar die entfernteren Partien schneller, die näheren langsamer. Es sind keine geometrischen Gründe, die mir eine solche Annahme ausgeschlossen erscheinen lassen. Die gegenseitige Lage aller Körper zueinander wird durch die zweite Auffassung der Bewegung genau so gewahrt wie durch die nächstliegende, und nur diese gegenseitige Lage ist es, die geometrisch greifbar ist. Ebenso kann ich natürlich jeden beliebigen andern Punkt als ruhenden Pol auffassen und dementsprechend eine Bewegung der ganzen Welt einschließlich meines Kopfes mit alleiniger Ausnahme des Ruhepunktes behaupten. Und diese Sätze bleiben zu Recht bestehen, so kompliziert auch die infrage stehende Bewegung sein mag. Und wenn ich auf einem fahrenden Karussell Walzer tanze, nichts kann mich, rein geometrisch gedacht, hindern, mich selbst als ruhend hinzustellen und der ganzen übrigen Umwelt, bis zu den entferntesten Himmelskörpern, die entsprechenden Bewegungen zuzuschreiben. Ob eine solche Annahme wahrscheinlich ist, und aus welchen Gründen dies nicht der Fall ist, das soll uns in unseren rein geometrischen Betrachtungen nicht stören.

Das kinematische Relativitätsprinzip ist keineswegs so selbstverständlich und inhaltsarm, wie es nach diesen Bemerkungen scheinen könnte. Es hat vielmehr, wenngleich nicht unter diesem Namen, in der Geschichte der Wissenschaften eine bedeutsame Rolle gespielt, und zwar insbesondere in der Geschichte der Weltsysteme. Den alten Astronomen und auch noch den mittelalterlichen bis einschließlich Kopernikus lag die physikalisch-mechanische Auffassung der Bewegungen der Himmelskörper völlig fern,

---
1 Unter „Kinematik" oder „Phoronomie", versteht man die Lehre von der Bewegung ohne Berücksichtigung der Zeit und der bewegenden Kräfte (im Gegensatz zur Mechanik).

sie verstanden sie nur geometrisch. Anders ausgedrückt, sie suchten die Bewegungen der Gestirne lediglich zu beschreiben, die Frage nach den Gründen dieser Bewegung wurde nicht aufgeworfen. Von diesem Standpunkt aus ergab sich natürlich eine unbegrenzte Relativität, es konnte jeder Punkt des Weltalls als ruhend angenommen und darauf die Bewegungen des als bewegt angenommenen Teils bezogen werden, also beispielsweise auch auf die als ruhend gedachte Erde. Dies ist bekanntlich der Standpunkt des ptolemäischen Systems, das ähnlich wie die aristotelische Philosophie anderthalb Jahrtausende lang als unantastbarer Kanon des allein Richtigen angesehen wurde. Außerordentlich bezeichnend ist es nun, dass Ptolemäus selbst in der Einleitung seines großen Werkes bemerkt, dass sich die Bewegungen der Sterne, „und zwar vielleicht einfacher" durch die Annahme einer Erdbewegung beschreiben ließen. Er hat also eine Ahnung unseres geometrischen Relativitätsprinzips gehabt. Keine geometrischen, also keine in seinem Sinn astronomischen Gründe, sondern physikalisch-mechanische Überlegungen waren es, allerdings irrtümliche, die ihn die Möglichkeit einer Bewegung der Erde leugnen und auf seinem System bestehen ließen.

Die klare Erfassung dieser Fragen scheint auch heutzutage noch ihre Schwierigkeit zu haben. Noch deutlich steht ein kleines Erlebnis in einem Studentenverein vor mir, dem ich vor Jahren angehörte. Es wurde ein Vortrag gehalten über den Astronomen Tycho Brahe, der bekanntlich ein Weltsystem aufgestellt hatte, das zwischen Ptolemäus und Kopernikus vermittelte, aber wie Ersterer die Erde als ruhend annahm. Der Vortragende kritisierte dies ziemlich abfällig, und auch wir Hörer glaubten uns ziemlich erhaben im sicheren Gefühl unserer kopernikanischen Überlegenheit. Da trat in der Diskussion ein Professor, dem offenbar der Schalk im Nacken saß, mit der Behauptung auf, das tychonische System sei buchstäblich richtig, unter der Aufforderung, ihn eines besseren zu belehren. Allseitig zwar sehr erstaunte Gesichter, aber äußerst magere Antworten! Schließlich fand ein junger Student, der in der Zwischenzeit schon bedeutende wissenschaftliche Leistungen vollbracht hat, die richtige Lösung: Durch geometrische Betrachtung des Sonnensystems kann eine Entscheidung überhaupt nicht getroffen werden. Diese ist nur möglich unter Hereinbeziehung des außerhalb des Planetenraums befindlichen

Fixsternhimmels oder mit Zuhilfenahme mechanischer Betrachtungsarten.

In einem kürzlich erschienenen Buch findet sich die Bemerkung, die von Galilei entdeckten Phasen der Venus seien nur aufgrund des kopernikanischen Weltbildes möglich. (Die Phasen der Venus, die für sehr scharfe Augen auch wohl ohne Hilfsmittel wahrnehmbar sind, sind den verschiedenen Lichtgestalten des Mondes sehr ähnlich; nur verändern sie sich sehr viel langsamer und sind auch von einer sehr bedeutenden Änderung in der Größe der ganzen Scheibe begleitet.) Wir werden es jetzt besser wissen: Schattenbildungen, wie sie die Phasen der Venus und des Mondes darstellen, sind eine rein geometrische Erscheinung, deren befriedigende Erklärung von dem angenommenen Ruhepunkt der Bewegung ganz und gar unabhängig ist. Dass sie vom Ptolemäischen oder vom tychonischen Weltsystem aus sich genau so gut erklären lassen wie vom Kopernikanischen, ist eine einfache Folgerung aus unserem „kinematischen Relativitätsprinzip". Übrigens wollen wir nicht unerwähnt lassen, dass die zum praktischen Gebrauch des Astronomen und Seefahrers bestimmten „Astronomischen Jahrbücher" und „Nautischen Jahrbücher" die Bewegung der Gestirne so aufzeichnen, wie sie einem im Erdmittelpunkt sich bewegenden Beobachter erscheinen müssten, die Erde selbst also als gleichsam ruhend betrachten. Anders ausgedrückt: Für diese rein praktischen Zwecke ist noch heute das geozentrische System in Gültigkeit, und Astronomen und Seefahrer fahren wohl dabei.

2.1.3 Das mechanische Relativitätsprinzip

Mögen auch vom rein geometrischen Standpunkt aus alle Bewegungen einander gleichwertig sein, so zeigt uns doch die alltägliche Erfahrung, dass dies tatsächlich nicht der Fall ist. Sitzen wir in einem fahrenden Eisenbahnzug, oder noch besser in einem recht sanft und gleichförmig gleitenden Fahrstuhl, so merken wir, dass wir zwar nicht die Bewegung als solche, wohl aber das Anfahren und Anhalten empfinden. Und sitzen wir in einer Straßenbahn oder einem sonstigen Gefährt, so merken wir an eigentümlichen Gleichgewichtsstörungen sofort, wenn wir eine Kurve fahren. Wir merken dies, auch ohne dass wir zum Wagen hinausschauen, also ganz augenscheinlich ohne jede Beziehung auf einen Vergleichskörper, oder, wie wir uns kurz ausdrücken wollen, nicht nur relativ, sondern auch absolut. Ganz dieselbe Auskunft wie unser unmittelbares Gefühl würde uns auch ein mit allen möglichen Apparaten ausgestatteter Physiker geben; auch er wäre, gleichviel durch welche Versuche er dies feststellen wollte, außerstande, die Bewegung des gleichmäßig dahinfahrenden Eisenbahnzugs von diesem aus festzustellen, falls ihm ein Blick aus dem Fenster verwehrt wäre, während er andererseits mit Leichtigkeit und auch ohne Vergleichskörper jede Änderung in der Geschwindigkeit und der Richtung des Zugs bemerken würde. Wollen wir also die Bedeutung der absoluten Bewegung leugnen und die ausschließliche Geltung der relativen Bewegung behaupten, so müssen wir, wie es scheint, zwei Voraussetzungen machen: Die Bewegung muss ganz streng geradlinig sein und stets mit derselben Geschwindigkeit vor sich gehen; es muss, wie man sagt, eine geradlinig-gleichförmige Bewegung sein. Die Behauptung der bloß relativen Bedeutung dieser Bewegungen, diesmal ohne jede Beschränkung in den Hilfsmitteln der Beobachtung (im Gegensatz zum Vorangegangenen), macht den Inhalt des gegenwärtigen Relativitätsprinzips aus. Wir behaupten also:

> *Geradlinig-gleichförmige Bewegungen üben als solche keinerlei nachweisbare Wirkung aus, sie sind also nicht wahrnehmbar, wir können sie uns beliebig hinzu- oder wegdenken, ohne an den physikalisch greifbaren Bedingungen das Mindeste zu ändern.*

Behauptet also z. B. jemand, unsere ganze Fixsternwelt mit ihren Millionen Fixsternen, Sternhaufen, Nebelflecken flöge, ohne dass sich etwas außerhalb ihrer befände, mit ungeheurer Geschwindigkeit durch den leeren Raum, so kann man ihn wohl fragen, wodurch sich denn eine solche Behauptung von ihrem Gegenteil unterscheide. Ob ihr ein philosophischer Sinn zukommt, ist nicht unsere Sache zu entscheiden. Ein naturwissenschaftlicher kommt ihr jedenfalls ebenso wenig zu wie der entgegengesetzten Behauptung, dass der leere Raum an uns vorbeiflöge.

Man sieht leicht, dass das mechanische Relativitätsprinzip völlig identisch ist mit dem sogenannten Trägheitsprinzip, demzufolge jeder Körper seinen ihm einmal eigenen Bewegungszustand so lange beibehält, bis er durch „Kräfte" zu einer Änderung gezwungen wird. In der Tat: Gäbe es keine Trägheit, so könnten sich die auf der Erdoberfläche oder im fahrenden Eisenbahnzug befindlichen Gegenstände nicht dauernd weiterbewegen, folglich auch nicht „relativ" zur Erde oder „relativ" zum Zug in Ruhe bleiben; sie würden sich im Vergleich zum bewegten Bezugskörper anders verhalten als zum ruhenden, d. h. nichts anderes als: Die Bewegung als solche wäre erkennbar, es gäbe kein mechanisches Relativitätsprinzip.

Man sagt nicht zu viel, wenn man behauptet, dass es wenig Sätze gibt, deren völliges Verständnis der denkenden Menschheit solche Schwierigkeiten gemacht hat wie dieser Satz. Wir sahen oben schon, dass Ptolemäus, der das kinematische Relativitätsprinzip anscheinend verstand, am mechanischen scheiterte. Ob Galilei der Erste war, der es begriff, mag ebenso dahingestellt bleiben, wie ob er es wirklich bis in die letzten Konsequenzen hinein durchdachte und in seiner Anwendung niemals irrte. Vielleicht hat erst Newton diesen letzten Rest ausgeschöpft. Aber Galilei war jedenfalls der Erste, der unser Prinzip klar aussprach, seine volle Tragweite erkannte, es ausführlich erörterte und mit der Lebhaftigkeit, ja Leidenschaftlichkeit, die diesen Großen auszeichnete, zum Gegenstand auch populärer Darlegungen gemacht hat. In seinem noch heute sehr lesenswerten Gespräch über die beiden Weltsysteme setzt er mit großer Klarheit ganz im Sinne unserer Darlegungen auseinander, dass sich vermöge des Trägheitsprinzips alle Vorgänge auf der bewegten Erde ganz genau so abspielen, wie sie sich auf der ruhenden abspielen würden, und dass es folglich unmöglich ist, aus Vorgängen auf der Erde auf Ruhe oder Bewegung der Letzteren zu schließen. So trägt denn unser Satz mit Recht Galileis Namen.

Wir müssen noch einen Zusatz machen: Die Bewegung der Erde ist nicht gleichförmig-geradlinig. Sie beschreibt eine fast kreisförmige Bahn um die Sonne und dreht sich um ihre Achse. Aber bei der außerordentlichen Größe des Radius beider Bewegungen können kleinere Teile von ihnen, die bei der kurzen Zeitdauer und der geringen geografischen Ausdehnung der meisten Versuche allein in Betracht kommen, doch als geradlinig angesehen werden. Ist freilich die Ausdehnung eines Versuchs oder eines natürlichen Vorgangs in räumlicher oder zeitlicher Hinsicht so groß, dass die Abweichungen der Erdbewegung von der geradlinig-gleichförmigen in Betracht kommen, so ist hierdurch allerdings die Erdbewegung nachweisbar. Es sind nun verschiedene solcher Erscheinungen bekannt, so die Ablenkung eines vom Äquator zum Nordpol wehenden Windes in östlicher Richtung (weil er die größere östliche Geschwindigkeit, die er hat, beibehält), ebenso das Vorauseilen eines von sehr großer Höhe herabfallenden Körpers gleichfalls in östlicher Richtung, die Drehung eines genügend lange schwingenden Pendels (sog. Foucault-Pendels).

Von besonderer Wichtigkeit ist nun für uns, einen Vorgang, der sich auf einem bewegten Körper oder, wie wir im Anschluss an die übliche Ausdrucksweise sagen wollen, auf einem „bewegten System" abspielt, von diesem System aus und gleichzeitig von außerhalb zu verfolgen. Nehmen wir, um ein einfaches Beispiel zu bekommen, etwa an, auf dem Verdeck eines fahrenden Schiffes spielen Kinder Ball. Das Schiff ist unser „bewegtes System", und wir beobachten nun den Ball und namentlich die Geschwindigkeit seiner Bewegung sowohl vom Schiff als auch vom Ufer aus. Vom Schiff aus beurteilt geht das Ballspiel genau so vor sich, wie es sich auf dem festen Land abspielen würde, d. h. die Geschwindigkeit, die der geworfene Ball relativ zum Schiff hat, ist die normale, die er auch auf dem Ufer haben würde, und zwar für die Hin- und Rückbewegung. Verfolgen wir aber den Ball vom Land aus, so ist seine Bewegung in der Schiffsrichtung die schnellere. Denn zu der Geschwindigkeit des Schiffes, die auch er innehat, kommt ja nun noch seine eigene hinzu, die Geschwindigkeiten addieren sich. Bei der Rückwärtsbewegung des Balles haben wir uns die Geschwindigkeit des Schiffes von der „Eigengeschwindigkeit" des Balles abgezogen zu denken oder umgekehrt, sodass beispielsweise, wenn Ball- und Schiffsgeschwindigkeit (Eigen- und Systemgeschwindigkeit) zufällig einander gleich sind, aber entgegengesetzte Richtung haben, vom Ufer aus beurteilt und relativ zu diesem die Geschwindigkeit null ergibt. Wird umgekehrt auf dem Land der Ball geworfen, so erscheint natürlich seine Vorwärtsbewegung vom Schiffe aus verlangsamt, die Schiffsgeschwindigkeit ist von ihr abzuziehen, während natürlich seine Rückbewegung, verglichen mit dem Schiff, entsprechend schneller erscheint. Nehmen wir nun etwa an, das mastenlos gedachte Schiff verschwinde hinter einem Damm und es seien nur noch die hin- und herfliegenden Bälle oder auch etwa der hohe Hut eines auf

Deck auf- und abpromenierenden Fahrgastes sichtbar geblieben, so würde es offenbar möglich sein, aus der Differenz der Geschwindigkeiten in der Hin- und der Rückbewegung einen Schluss auf die Geschwindigkeit des Schiffes zu ziehen. Und ebenso umgekehrt, wenn die auf dem Ufer stattfindende Bewegung vom Schiff aus beurteilt wird. Versuchen wir diese Bemerkungen in abstrakte Form zu bringen, so können wir, wenn wir zunächst nur Vorwärtsbewegungen berücksichtigen, etwa sagen:

> *Die Geschwindigkeit einer auf einem bewegten System sich abspielenden Bewegung ist, vom ruhenden System aus beurteilt, gleich der Summe der Systemgeschwindigkeit und der Eigengeschwindigkeit der Bewegung. Und ebenso umgekehrt: Die Geschwindigkeit einer Bewegung im ruhenden System ist, vom bewegten System aus beurteilt, gleich der Differenz der Eigengeschwindigkeit und der Systemgeschwindigkeit.*

Man nennt diese Sätze, da sie sich ja um die Addition von Geschwindigkeiten drehen: das Additionstheorem der Geschwindigkeiten oder noch genauer: Das galileische Additionstheorem der Geschwindigkeiten. Nachtragend zu unserer obigen Definition des mechanischen oder galileischen Relativitätsprinzips müssen wir hier noch hinzufügen: Dieses galileische Additionstheorem der Geschwindigkeiten ist ein wesentlicher Bestandteil des mechanischen Relativitätsprinzips.

2.1.4 Eine wichtige Frage

Das Verhalten, das der auf dem fahrenden Schiffe geschleuderte Ball zeigt, ist nicht das Einzige, das unter den besagten Umständen möglich ist. Nehmen wir an, auf dem hinteren Ende des fahrenden Schiffes werde ein Schallsignal gegeben, etwa eine Pistole abgefeuert, und wir untersuchen nun die Geschwindigkeit des Schalles sowohl relativ zum fahrenden Schiff als auch relativ zum Ufer. Das Ergebnis ist ein anderes wie oben: Der Schall, auch wenn er auf dem fahrenden Schiff erzeugt ist, pflanzt sich relativ zum Land mit genau derselben Geschwindigkeit fort, als ob er auf dem Land erzeugt worden wäre, nämlich mit der gewöhnlichen Schallgeschwindigkeit von etwa 333 m in der Sekunde.

Messen wir aber die Fortpflanzungsgeschwindigkeit auf dem Schiff und relativ zu diesem, so finden wir eine entsprechend geringere Zahl, etwa nur 313 m in der Sekunde, nämlich wenn sich das Schiff um 20 m in der Sekunde vorwärts bewegt. Bewegt sich das Schiff schneller als 330 m in der Sekunde, so erreicht der hinten erzeugte Schall niemals das vordere Ende des Schiffes, so wie Münchhausen auf seiner fliegenden Kanonenkugel den Donner des abfeuernden Geschützes nie vernehmen kann. Auf den ersten Augenblick könnte es scheinen, als ob dies eine Verletzung des Relativitätsprinzips darstelle; denn sind wir nunmehr nicht in der Lage, vom Schiff aus und allein vom Schiff aus seine Geschwindigkeit festzustellen, indem wir einfach die Schallgeschwindigkeit auf Deck messen und von der normalen von 333 m in der Sekunde abziehen? Ein wenig Überlegung zeigt uns, dass dieser Widerspruch gegen das Relativitätsprinzip nur scheinbar ist, denn der Schall pflanzt sich in der Luft fort, und was wir auf diese Weise feststellen können, ist nicht die „absolute" Geschwindigkeit des Schiffes, sondern nur seine relative im Verhältnis zur Luft. Setzen wir der Einfachheit halber zunächst etwa Windstille voraus, so können wir in unserer oben besprochenen Ausdrucksweise sagen: Die Schallbewegung, wenn auch auf dem bewegten System erzeugt, gehört doch zum ruhenden System, wir beobachten vom bewegten System aus einen Vorgang im ruhenden, es gilt die zweite Form unseres Additionstheorems der Geschwindigkeiten, ein Anlass zu irgendwelchen Bemerkungen bezüglich der Relativität liegt nicht vor, nur müssen wir uns entschließen, auch die Luft als gleichberechtigtes System anzuerkennen.

Diese Untersuchung der Schallbewegung gibt nun aber den Anlass zur Aufwerfung einer Frage, die von einer eminenten Bedeutung geworden ist, nämlich der Frage nach der Fortpflanzung des Lichtes in bewegten Systemen. Haben wir hier wie beim geworfenen Ball die Fortpflanzung relativ zum bewegten System zu verstehen? Oder wie beim Schall relativ zum ruhenden? Aber zu welchem ruhenden System? Die Heimat des Schalles ist die Luft, die ihm gegenüber das ruhende System darstellt. Aber was ist die Heimat des Lichts? Wir stehen dieser Frage völlig ratlos gegenüber. Es wird wohl geantwortet: Das Licht pflanzt sich im Äther fort; aber was ist der Äther? Die Existenz der Luft, in der sich der Schall fortpflanzt, ist, z. B. durch die

Wirkungen des Windes, ganz zweifelsfrei erwiesen, sie ist uns physikalisch und auch chemisch ganz genau bekannt. Vom Äther aber wissen wir schlechthin nichts; auch die Astronomie bietet uns nicht den geringsten Anhalt für das Vorhandensein eines im Weltraum ausgebreiteten Stoffes; insbesondere scheint er, falls er existieren sollte, die Bewegungen der Himmelskörper nicht im Mindesten zu beeinflussen; der ganze Äther hat, wenn wir uns etwas drastisch ausdrücken wollen, in der ganzen Herrgottswelt nichts weiter zu tun, als eine leere Worterklärung für die Tatsache der Fortpflanzung des Lichts durch den Weltenraum abzugeben. Unter diesen Umständen werden die obigen Fragen immer interessanter; umso unmöglicher freilich wird es, von vornherein etwas über ihre Beantwortung zu mutmaßen, nur der Versuch kann uns Antwort geben.

3 Spezielle Relativitätstheorie

3.1 Die neuen Tatsachen

3.1.1 Der Fizeau-Versuch

Wir stehen hier nicht nur vor sehr interessanten, sondern auch vor enorm schwierigen Fragen. Schon die Vorfrage nach der Lichtgeschwindigkeit überhaupt, ganz gleich ob im ruhenden oder im bewegten System, erfordert zu ihrer Beantwortung einen außerordentlichen Scharfsinn in der Versuchsanordnung und zugleich die allergrößte Genauigkeit und Sorgfalt in der praktischen Ausführung. Es ist nun sogar durch verschiedene voneinander unabhängige, sowohl astronomische als auch physikalische Methoden gelungen, die Fortpflanzungsgeschwindigkeit des Lichtes mit erstaunlicher Genauigkeit zu bestimmen. Sie beträgt bekanntlich ziemlich genau 300.000 km in der Sekunde; das Licht braucht also für die Strecke Köln — Königsberg genau $1/300$ Sekunde, würde den Erddurchmesser in noch nicht $1/20$ Sekunde durchqueren und eilt von der Erde bis zum Mond in noch nicht $1\frac{1}{2}$ Sekunden. Es erscheint auf den ersten Blick ganz ausgeschlossen, festzustellen, ob und wie sich diese enorme Geschwindigkeit von den vergleichsweise ganz winzigen irdischen Geschwindigkeiten beeinflussen lässt. Beträgt doch selbst die Geschwindigkeit des schnellsten Geschosses in dem Augenblick, wo es die Mündung des Laufes verlässt, nur knapp 1 km in der Sekunde, um dann sehr schnell abzunehmen.

In der Tat würde die Lösung unseres experimentellen Problems nicht gelungen sein, wenn uns nicht hierfür eine ganz außerordentlich empfindliche Methode zur Verfügung stände. Es ist die sogenannte Interferenzmethode, die darin besteht, Lichtgeschwindigkeiten nicht etwa absolut zu messen, sondern nur zwei verschiedene miteinander zu vergleichen. Das Licht ist bekanntlich eine Wellenbewegung; die einzelnen Wellen sind außerordentlich klein, auf einen Millimeter gehen etwa 2000, je nach der Farbe etwas mehr oder weniger. Wenn wir uns nun auch von dem inneren Mechanismus des Lichtvorganges und der Lichtfortpflanzung keine anschauliche Vorstellung zu machen vermögen, so wissen wir doch, dass er alle Eigentümlichkeiten der Wellenbewegung hat, dass sich insbesondere zwei Lichtstrahlen verstärken oder addieren, wenn immer Wellenberg des einen auf Wellenberg des andern und Wellental des einen auf Wellental des andern fällt, dass sie sich aber aufheben, also Dunkelheit erzeugen, wenn Wellenberg des einen auf Wellental des andern fällt.

Teilt man nun, was durch einfache optische Hilfsmittel gelingt, einen Lichtstrahl in zwei Arme, die man etwa parallel miteinander eine Wegstrecke hergehen lässt, um sie dann wieder zu vereinigen, so wird, falls die beiden getrennten Lichtstrecken wirklich genau gleich lang waren, der erste der eben genannten Fälle eintreten, beide Strahlen werden sich verstärken, das nun entstandene Licht wird genau so hell sein, als es auch ohne Trennung in zwei Teile gewesen wäre. Verlangsamen wir nun aber, z. B. durch ganz geringfügige Verlängerung des Weges oder auch sonst wie, die Lichtbewegung in dem einen Arm, während sie in dem andern ganz ungeändert bleiben möge, so wird nicht mehr genau Wellenberg auf Wellenberg und Wellental auf Wellental fallen, es wird vielmehr eine Verschiebung eintreten, und diese lässt sich stets so groß bemessen, dass nun Wellenberg auf Wellental fällt, also Dunkelheit eintritt. Man nennt dies „Interferenz".

Die außerordentliche Größe der Lichtgeschwindigkeit und die winzige Kleinheit einer Lichtwelle bedingen nun, wie leicht zu sehen, eine geradezu unerhört kurze Dauer einer solchen Lichtschwingung, das Licht schwingt in einer Sekunde mehrere Hundert Billionen mal, und wenn bei unserem eben erwähnten Versuch sich die Zeit, die das Licht zu der einen der beiden parallel gehenden Strecken braucht, auch nur um eintausend billiontel Sekunde (1 mit 15 Nullen!) ändert, so würde sich dies deutlich durch die „Interferenz" bemerkbar machen. Natürlich haben wir hiermit nur die groben Umrisse der Methode wiedergegeben.

Auf diesem Wege versuchte nun zuerst der berühmte französische Physiker Fizeau im Jahre 1851 den Einfluss zu bestimmen, den die Bewegung des Mittels auf die Lichtgeschwindigkeit hat. Er ließ Wasser oder Luft in eine Röhre strömen und verglich die Geschwindigkeit der Lichtfortpflanzung, wenn sie im Sinn der strömenden Luft erfolgt, mit der in ruhender Luft oder mit der im entgegengesetzten Sinn bewegten. Auf die Versuchsergebnisse mit Wasser, in dem die Lichtgeschwindigkeit ohnehin eine ganz wesentlich andere ist als in Luft, und wo noch mancherlei sonst zu berücksichtigen ist, wollen wir hier nicht näher eingehen, für Luft jedoch ergab der Versuch mit voller Sicherheit: **Die Bewegung der Luft, in der sich Licht fortpflanzt, hat nicht den geringsten Einfluss auf diesen Vorgang.** Ob sich Licht bewegt in einer Luft, die im Sinn der Lichtbewegung strömt, oder im entgegengesetzten, oder ob sie gar nicht strömt, das Licht bewegt sich deswegen noch nicht um den tausendsten Teil einer billiontel Sekunde schneller oder langsamer; es lässt sich anscheinend nicht im geringsten von den Bewegungen seiner Umwelt stören. Erinnern wir uns des eben gebrauchten Beispiels von der Ball- und der Schallbewegung auf dem fahrenden Schiff, so können wir also sagen: Das Licht bewegt sich keineswegs so wie der geworfene Ball, der an der Bewegung des Schiffes selbst teilnimmt und folglich, vom Ufer aus beurteilt, sich schneller zu bewegen scheint, wenn seine Bewegung mit der des Schiffes zusammenfällt, langsamer, wenn sie entgegengesetzt ist. Es verhält sich vielmehr genau so wie der Schall, der, wenn auch auf dem Schiff erzeugt, doch keineswegs die Bewegung des Schiffes mitmacht, sondern sich, vom Ufer aus beurteilt, mit der gleichen Geschwindigkeit in der einen und in der andern Richtung bewegt. Im Anschluss an unsere frühere Ausdrucksweise können wir daher auch sagen: **Untersuchen wir die Lichtbewegung in einem bewegten System von einem festgebliebenen System aus, so gehört die Lichtbewegung selber zum festen System.**

3.1.2 Der Michelson-Versuch

Das eben besprochene Ergebnis des Fizeau-Versuchs ist die unmittelbare Veranlassung zur Stellung einer neuen Aufgabe, nämlich der Untersuchung der Lichtbewegung durch das bewegte Mittel vom bewegten System aus. Hier müsste doch nun ein Einfluss der Bewegung zu erwarten sein, ganz entsprechend dem Einfluss, den die Schiffsbewegung auf die Fortpflanzung des Schalles hat, wenn dieser Vorgang nicht mit dem feststehenden Ufer, sondern mit dem Schiff selber verglichen wird. Denken wir uns also etwa einen Beobachter, der in die Röhren des Fizeau-Versuchs hineinkriecht und dort zugleich mit der bewegten Luft fortgeblasen wird. Der Mann sei so winzig klein, dass er auch die Röhrenwandungen nicht bemerkt, an denen er seine Fortbewegung etwa vergleichen und feststellen könnte, seine ganze ihm zugängliche Umwelt bewegt sich also im Luftstrom genau wie er, er wird sich also selbst für ruhend halten. Dieser Mann stelle jetzt die Geschwindigkeit eines durch seine Luft hindurch gesandten Lichtstrahls fest. Vergegenwärtigen wir uns nun: Ob der Lichtstrahl zu einem bestimmten Zeitpunkt an einem bestimmten Punkt angelangt ist oder nicht, ist ganz zweifellos eine absolut objektive Frage, die, wo und wie sich der Beobachter auch befinden möge, unter gar keinen Umständen eine verschiedene Beantwortung finden kann. Da sich nun der Beobachter während der Ausbreitung des Lichtes selbst weiterbewegt hat, so wird er also, diese Folgerung scheint ganz unausweichlich zu sein, in seiner eigenen, ihm vielleicht selbst vorerst noch unbekannten Richtung eine geringere Geschwindigkeit des Lichtes feststellen müssen, als in der entgegengesetzten oder in einer seitlichen Richtung. Und er wird hierdurch imstande sein, Größe und Richtung seiner Bewegung festzustellen, oder sagen wir vielleicht noch deutlicher: Größe und Richtung seiner Bewegung festzustellen im Vergleich oder „relativ" zu demjenigen System, in dem sich das Licht bewegt.

Wir beabsichtigen nicht, die Versuchsanordnung des Michelson-Versuchs im einzelnen zu schildern, da dies einige, wenngleich sehr einfache, mathematische Kenntnisse voraussetzt, und übrigens oft genug in populären Schriften bereits geschehen ist, wo der mehr verlangende Leser nachlesen kann. Wir bemerken nur Folgendes: Es war deshalb schwierig, eine zweckdienliche Anordnung zu finden, weil die Endpunkte der Strecke, die das Licht im Sinne der Luftbewegung und im entgegengesetzten durchlaufen soll, nicht zusammenfallen werden, die Interferenzmethode aber, wie wir wissen, durchaus die Vereinigung der getrennten Lichtstrahlen verlangt. Zwar gelang es, durch höchst geistvolle geometrische Anordnung diese Schwierigkeit zu überwinden, aber doch nur auf Kosten der Größe des zu erwartenden Versuchsergebnisses. Um überhaupt noch ein messbares Versuchsergebnis zu erhalten, musste daher für die Bewegung des Mittels eine sehr viel schnellere ausfindig gemacht werden, als sie für den Fizeau-Versuch zur Verfügung stand; die schnellste uns zugängliche materielle Bewegung aber ist die fortschreitende Bewegung der Erde, die 80 km in der Sekunde beträgt, was freilich auch erst den zehntausendsten Teil der Lichtgeschwindigkeit ausmacht.

Michelson wählte also zur Vergleichsbewegung die der Erde, die sich auch wegen des großen sonstigen Interesses, das sich an sie knüpft, ohnehin empfohlen hätte. Er stellte sich die Frage: Bewegt sich, natürlich vom mitbewegten Beobachter aus beurteilt, das Licht schneller im Sinne der Erdbewegung oder im entgegengesetzten? Und wie viel beträgt der Unterschied? Es leuchtet ein, wie ungeheuer interessant eine Lösung der Aufgabe auch etwa vom astronomischen Standpunkt aus gewesen wäre. Wir kennen die Bewegung der Erde relativ zur Sonne; aber die Bewegung der Sonne im Fixsternraum, also dem Weltenraum, kennen wir nur unvollkommen, und es ist nach dem heutigen Stand der Astronomie auch zu erwarten, dass es noch sehr lange, vielleicht Jahrhunderte fortgesetzter Beobachtungen bedürfen wird, ehe sich diese Frage befriedigender als heute, wird lösen lassen. Der Michelson-Versuch schien die Aussicht zu bieten, das wichtige und schwierige Problem mit einem Schlag zu erledigen; und dies rechtfertigt den außerordentlich großen Aufwand und die noch größere Sorgfalt, die auf den Michelson-Versuch verwandt worden sind.

Was das Relativitätsprinzip anlangt, so hätte man ein Gelingen des Michelson-Versuchs nicht gerade als seine Widerlegung aufzufassen brauchen. Denn so gut wir in dem nun schon öfters erwähnten Vergleichsbeispiel die Geschwindigkeit des Schiffes nicht absolut, sondern nur relativ zu dem System, in dem sich der Schall bewegt, nämlich der Luft, feststellen konnten, genau so gut hätte auch der Michelson-Versuch nicht die absolute Bewegung der Erde ergeben, sondern nur ihre relative, relativ nämlich zu dem System, in dem die Lichtbewegung erfolgt, also zum Äther. Dies wäre jedoch nur mehr eine rein theoretische, grundsätzliche Auffassung gewesen zur Rettung der Relativität um jeden Preis. Der Äther, wenn wir ihn schon als die unumgängliche Voraussetzung für die Fortpflanzung des Lichtes annehmen wollen, erfüllt ja die ganze, unseren Sinnen zugängliche Welt bis in die fernsten Tiefen des Fixsternhimmels. Eine Bewegung, relativ zum Äther, mag sich philosophisch genommen von einer Bewegung gegen den leeren Raum unterscheiden, in praktischer, namentlich experimentellphysikalischer Hinsicht wäre jedoch dieser Unterschied nicht greifbar gewesen. Ein Gelingen des Michelson-Versuchs hätte also nur eine höchst platonische Rettung der Relativität gestattet.

Und nun endlich das Ergebnis des 1881 zuerst angestellten und 1887 mit noch größerer Genauigkeit wiederholten Michelson-Versuchs? Es war völlig negativ. Michelson verglich mit seinem so genauen Apparat die Lichtgeschwindigkeit in allen möglichen Richtungen, in keiner fand er auch nur den allergeringsten Unterschied. Der Versuch wurde zu andern Jahreszeiten wiederholt, wenn also die Bewegung der Erde gegen den Fixsternhimmel eine andere Richtung hatte, vergeblich! Und an der Bewegung der Erde um die Sonne ist doch im Ernst nicht zu zweifeln! Sollte man nun auch annehmen, dass vielleicht durch eine Bewegung der Sonne und mit ihr des ganzen Planetensystems, die der Erdbewegung entgegengesetzt, aber gleich schnell sei, die Bewegung der Erde sozusagen aufgehoben werde, sodass diese im Fixsternraum stillstehe, so könnte dies doch nur für eine einzige Jahreszeit gelten, das Misslingen des Michelson-Versuchs also auf die Dauer nicht erklären.

Der Michelson-Versuch ist mit so großer Genauigkeit angestellt, dass, wäre das Ergebnis auch nur $1/100$ des erwarteten gewesen, es nicht hätte verborgen bleiben können. Zusammenfassend und im Anschluss an unsere frühere Ausdrucksweise können wir das Ergebnis des Michelson-Versuchs so aussprechen: **Untersuchen wir die Lichtbewegung in einem bewegten Mittel vom bewegten System aus, so gehört die Lichtbewegung selber auch zum bewegten System.**

3.1.3 Widerspruch der Ergebnisse

Vergleichen wir die Ergebnisse beider Versuche, so springt der Widerspruch sofort in die Augen, und wir werden ihn sogleich in noch etwas helleres Licht rücken. Zuvor jedoch müssen wir einen möglichen, auch tatsächlich oft erhobenen Einwand besprechen. Man könnte nämlich sagen: Die Analogie zwischen den beiden Versuchen ist keine vollkommene; denn beim Fizeau-Versuch stammt das Licht von einer Lichtquelle in dem als fest angenommenen System, beim

Michelson-Versuch ist die Lichtquelle mitbewegt. In der Tat wird im ersten Falle das Licht von außen in die Röhren hineingesandt, an der Bewegung des Mediums in den Röhren hat es keinen Anteil. Beim Michelson-Versuch wird nicht das Licht von außen in das bewegte System, das ja hier die ganze Erde ist, hineingeschickt, sondern vielmehr auf der Erde, also auf dem bewegten System selber erzeugt. Man könnte etwa daran denken, Fixsternlicht zu diesem Versuch zu benutzen, da dieses ja ganz sicher von außen her in das System gelangt; indessen ist dieses natürlich zu schwach zur Anstellung solch feiner Versuche. Beim Sonnenlicht hätte man wieder die Schwierigkeit, dass es nur in einer einzigen Richtung, nämlich senkrecht zur Bewegung, wirken könnte, während beim Fizeau-Versuch die beiden Bewegungsrichtungen, die des Lichtes und die des Systems, hier des Luftstroms, zusammenfallen.

Aber diese ganze Sorge ist wohl unnötig. Es ist nicht anzunehmen, dass eine Bewegung der Lichtquelle irgendeinen Einfluss auf die Lichtfortpflanzung ausübt. Dies wäre schon theoretisch recht schwierig vorzustellen. Denn immer mehr hat sich namentlich seit Faraday die Meinung vom Ausschluss jeder Fernwirkung, insbesondere bei elektrischen und elektromagnetischen Vorgängen, zu welch letzteren ja auch das Licht gehört, und von der alleinigen Geltung der Nahewirkung festgesetzt. Nicht die vielleicht weit entfernte Lichtquelle, sondern der Zustand auf dem unmittelbar vorangegangenen Strahlteil ist die Ursache der Lichtwirkung auf dem folgenden. Demnach müsste der Lichtvorgang in einem Teilchen selbst verschieden sein, um eine verschiedene Wirkung im nächsten auszulösen. Das wäre sehr schwer vorstellbar. Auch die Analogie des Schalles zeigt, dass es nicht den geringsten Einfluss auf die Geschwindigkeit hat, ob der Klang z. B. von einer bewegten oder von einer ruhenden Glocke ausgeht. Aber entscheiden kann natürlich nur die Erfahrung. Und die Erfahrung, insbesondere astronomische Tatsachen sprechen durchaus dafür, dass die etwaige Bewegung der Lichtquelle ohne jeden Einfluss auf die Lichtgeschwindigkeit ist.

Demnach ist der Widerspruch zwischen den beiden grundlegenden Versuchen vollkommen. Machen wir ihn uns etwa an folgender Vorstellung klar: Wir befinden uns am Ufer eines Flusses, an dem auch Eisenbahnen verkehren. Diese fahren stromauf und stromab mit genau derselben Geschwindigkeit. Wir wollen nun annehmen, die Bahnen bewegen sich auf einem im Fluss befindlichen Floß; wird nun immer noch die gleiche Geschwindigkeit nach beiden Richtungen festgestellt, so wird der Beobachter sagen, das Floß ist im Fluss verankert, es steht still. Er wird erwarten, dass wenn er nun in einem kleinen Kahn sich stromab treiben lässt, nunmehr die ihm entgegenkommenden Eisenbahnen schneller an ihm vorbeifahren als die ihn überholenden. Stellt er gleiche Geschwindigkeit fest, so wird er schließen, dass das Floß mit ihm stromab treibt. Nun zeigt der Fizeau-Versuch, wie der auf dem Land befindliche Beobachter auf ein feststehendes, der Michelson-Versuch, wie der stromab fahrende Beobachter auf ein mitfahrendes Floß schließt. In welchem Bewegungszustande immer der Beobachter sich befinden möge, das Floß, das natürlich nur den mystischen Lichtäther symbolisieren soll, ist relativ zu ihm in Ruhe. Halten wir an seiner Vorstellung fest, so können wir auch sagen: Der Fizeau-Versuch beweist, dass der Äther bei der Bewegung aller Medien in Ruhe bleibt, nicht mitgenommen wird. Der Michelson-Versuch zeigt, dass er in der Tat doch mitgeführt wird. Dies ist übrigens nur eine andere, und zwar gröbere Ausdrucksweise statt der oben gewählten von der Lichtbewegung einmal im festen und das andere Mal im bewegten „System".

Ein zweites Beispiel: Im Augenblick, wo ein langer, sagen wir viele Kilometer langer Eisenbahnzug abfährt, wird am letzten Wagen ein Lichtsignal gegeben. Ob dies auf dem Wagen, etwa auf seinem Dach oder Trittbrett, oder auf dem festen Boden geschieht, ist nach dem Vorigen ganz gleichgültig. Nun wird die Geschwindigkeit gemessen, mit der das Licht sich auf dem Bahndamm und auf dem Zug ausbreitet, sagen wir: der Punkt festgestellt, an dem es nach genau einer Sekunde angelangt ist. Wird auf dem Boden gemessen, so ergibt sich natürlich die Strecke von 300.000 km. Wird aber auf dem Zug gemessen, etwa auf den Trittbrettern, so ergibt sich auch wieder die Strecke von 300.000 km. Und dabei ist, während der Lichtstrahl vorwärts eilte, doch auch der Eisenbahnzug weitergefahren!

Wie man auch die Sache ansehen mag, eines scheint sicher zu sein: Die Systemgeschwindigkeit addiert sich nie zur Lichtgeschwindigkeit und subtrahiert sich nie von ihr, unser obiges Additionstheorem der Geschwindigkeiten (S. 17) gilt nicht für die Lichtbewegung. Und da dieser Satz für die galileische Auffassung der Relativität wesentlich war, so können wir sagen:

> *Das galileische Relativitätsprinzip gilt nicht für die Fortpflanzung des Lichtes. Seine allgemeine, absolute Geltung ist damit aufgehoben.*

Aber der Widerspruch zwischen den uns bekannten Erfahrungstatsachen ist mit dieser rein negativen Erkenntnis noch nicht geklärt. Dieser heischt gebieterisch eine weitere Untersuchung. Eines aber sehen wir jetzt schon: Der aufgedeckte Widerspruch ist ein derartig greller, die ihn ausmachenden Tatsachen sind von einer so elementaren Wucht, dass seine Beseitigung, mit Verlaub zu sagen, kein Pappenstiel sein kann. Mit sanften Mitteln ist hier nicht auszukommen. Bei der, wie wir hoffen, völlig klargelegten, außerordentlichen Einfachheit der ganzen Sachlage, wird es ohne tiefen und unbequemen Eingriff in alte Denkgewohnheiten nicht abgehen. Die einzig bequeme Art, sich mit den Tatsachen abzufinden, nämlich sie nur als solche anzuerkennen, aber auf ihre Deutung, auf ihre Beherrschung von einem geistigen Gesichtspunkte aus, auf eine Einordnung in irgendeine Theorie zu verzichten, welche Methode allerdings Jahrzehnte hindurch geübt wurde, kann und konnte nicht auf die Dauer der Weg der Wissenschaft sein.

3.2 Die lorentzsche Deutung

3.2.1 Theorie

Vorsicht ist der bessere Teil der Tapferkeit, wäre man beinahe versucht zu sagen, wenn man bemerkt, dass mehr als zwei Jahrzehnte ins Land gingen, ehe auch nur ein ernsthafter Versuch gemacht wurde, die im Vorigen dargetane große Schwierigkeit zu beheben. Lehrbücher und Vorlesungen über Optik machten über die Fortpflanzung des Lichtes in bewegten Medien nur knappe und nicht eben vielsagende Bemerkungen. Des Michelson-Versuchs, der heute vielleicht der berühmteste aller physikalischen Versuche ist, wurde kaum gedacht. Unter solchen Umständen war es eine ganz außerordentliche Tat des auch sonst hochverdienten niederländischen Physikers H. A. Lorentz, dass er nicht nur die Frage aufgriff und damit den Stein ins Rollen brachte, sondern auch gleich selbst einen ungewöhnlich kühn und großzügig gedachten Lösungsversuch unternahm.

Das Wesentliche seines Gedankens wollen wir uns nun an einem Beispiele klarmachen, das zwar, wie der scharfsinnige Leser vielleicht selbst merken wird, mathematisch nicht ganz korrekt ist, aber, worauf es uns hier in erster Linie ankommt, das Wesentliche in plastischer Deutlichkeit und zugleich sehr leicht verständlich, hervortreten lässt. Kehren wir zu unserem fahrenden Eisenbahnzug und zu dem vom Endwagen abgefeuerten Lichtsignal zurück. Lorentz stellt sich vor, dass der Zug eben durch seine Bewegung eine gewisse Verkürzung, eine Kontraktion erleide, und dass ebendies das Schicksal aller bewegten Gegenstände sei. Wie sich bald herausstellen wird, darf diese Verkürzung nur als ganz minimal angenommen werden. Aber so geringfügig sie auch sein mag, bemerkt und gemessen werden kann sie überhaupt nur vom festen Boden, dagegen nicht vom Zug aus. Denn legen wir im Zuge oder auf dem Trittbrett den Maßstab zur Messung an, so zeigt sich, dass dieser, weil er an der Bewegung teilnimmt, sich eben auch verkürzt hat und sich infolgedessen genau so oft auf dem Zuge abtragen lässt, als dies bei ruhendem Zug der Fall wäre. Die Anzahl Male, die man einen Maßstab an einer Strecke abtragen kann, nennen wir aber die Länge dieser Strecke, sie bleibt natürlich bei gleichzeitiger Verkürzung der Strecke und des Maßstabs ganz ungeändert. Stellen wir uns vor, unser Zug sei 300.000 km lang! Dann wird für den mitfahrenden Beobachter am Ende der ersten Sekunde der Lichtstrahl gerade bei der Lokomotive angelangt sein. Dies ist für ihn, da er seinen Metermaßstab 300.000.000-mal anlegen kann, gerade 300.000 km. Der auf dem festen Boden stehende Beobachter, dessen Maßstab sich ja nicht verkürzt hat, sieht hingegen deutlich, welcher Täuschung sein fahrender Kollege zum Opfer gefallen ist. Für ihn ist der Eisenbahnzug keine 300.000 km mehr lang, sondern kürzer. Aber er bemerkt ja, dass das Licht in der fraglichen Sekunde auch die Strecke zurückgelegt hat, die der letzte Wagen während dieser Sekunde durchfuhr, und von der natürlich der im Zug fahrende Beobachter nichts gemerkt haben kann. Addiert er nun diese Strecke zu der verkürzten Zuglänge, so kommen auch für ihn gerade wieder die notwendigen 300.000 km der Lichtgeschwindigkeit heraus.

Lorentz' Meinung ist also: Durch Bewegung verkürzen sich alle Gegenstände in der Bewegungsrichtung, aber wegen gleichzeitiger entsprechender Mitverwendung des Maßstabs wird diese Verkürzung nie bemerkt. In der Tat ein Gedanke von überraschender Kühnheit. Jeder korpulente Herr wird schlanker, wenn er sich nur fleißig Bewegung macht! Nur schade, dass er diese Verjüngung nicht nachweisen kann! Es ist wohl kaum nötig, hinzuzufügen, dass die Größe dieser Verkürzung von der Geschwindigkeit der Bewegung abhängt, dass also bei schnelleren Bewegungen eine bedeutendere, bei langsameren eine geringere Zusammenziehung angenommen werden muss. Aus der ja schon oft betonten außerordentlichen Größe der Lichtgeschwindigkeit und der vergleichsweisen Langsamkeit aller andern Bewegungen folgt die geradezu winzige Größe der angenommenen Formenänderung. Selbst Mutter Erde mit ihrer immerhin respektablen Geschwindigkeit von 30 km in der Sekunde würde ihren 12.000 bis 13.000 km langen Durchmesser nur um etwa 6,5 cm zu verkürzen brauchen, und man kann sich demnach das Schicksal des oben erwähnten korpulenten Herrn, dessen Geschwindigkeit kaum mehr als den 15.000. Teil der Erdgeschwindigkeit ausmacht, wohl klarmachen. (Vgl. Kapitel Ergänzungen und Zusammenfassung, S. 55 f)

3.2.2 Kritik an der lorentzschen Auffassung

Bei aller Bewunderung für die gewaltige Kühnheit und den logischen Scharfsinn der lorentzschen Auffassung wird man doch bei ihrem Studium ein gewisses Gefühl des Missbehagens empfinden, das sich bei genauerer Betrachtung noch steigert. Die auf den ersten Anblick etwas fremdartig anmutende Hypothese der Volumenänderung durch bloße Bewegung mag als eine Art Notwehr gegen den oben geschilderten zwingenden Missstand noch am ehesten gerechtfertigt erscheinen. Viel unbehaglicher ist es schon, dass hier eine recht weittragende physikalische Hypothese aufgestellt und gleichzeitig jede Möglichkeit bestritten wird, sie experimentell zu bestätigen oder zu widerlegen. Denn die gleichzeitige Kontraktion der Maßstäbe nimmt ja die Möglichkeit dazu. Das erinnert, wenn ein vielleicht etwas drastisch anmutender, aber deutlicher Vergleich gestattet ist, an das berühmte einjährige Wunderkind, das zwar fließend lesen, aber leider kein einziges Wort sprechen und auch nicht schreiben konnte, sodass die staunenden Zuschauer keine Möglichkeit hatten, die Lesefertigkeit des Kindes nachzuprüfen. Man darf wohl zweifeln, ob das ihrer Bewunderungsfreudigkeit keinen Abbruch getan hat.

Der schwierigste Punkt der lorentzschen Auffassung ist doch der folgende: Nehmen wir an, ein Physiker beobachte den vorbeifahrenden Eisenbahnzug, stelle dessen Längsverkürzung fest und freue sich, dass er selbst nicht auch kontrahiert wird. Nun fängt unser Physiker, der vorher nur Physiker war, plötzlich an, Astronomie zu treiben; er lernt das kopernikanische System kennen und stellt vielleicht fest, dass die Bewegung der Erde (oder besser die Resultierende aus den beiden Bewegungen der Erde) und die des Eisenbahnzugs sich gerade aufheben, der scheinbar bewegte Eisenbahnzug also „in Wirklichkeit" stillstehe, während er selber sich bewege. Nun behält also der Eisenbahnzug seine natürliche Länge, während der Beobachter und mit ihm die gesamte Erde verkürzt wird. Unser Freund fährt in seinen astronomischen Studien fort und erfährt eines Tages von der Bewegung der Sonne und ihres gesamten Planetenanhangs durch den Sternenraum. Nun ist die Sachlage wieder anders und vielleicht wieder gerade umgekehrt. Wenn nun auch hiermit unsere jetzigen astronomischen Kenntnisse aufhören, so hindert uns doch niemand, eine Fortsetzung in immer größeren Systemen zu denken. Unser eigener Zustand wird also abhängig gemacht von dem Entscheid über sehr weitab liegende Fragen, die mit physikalischen Mitteln überhaupt nicht behandelt werden können. Hierauf könnte nun Lorentz erwidern, dass den eben erwähnten Änderungen doch eine sehr reelle physikalische Bedeutung zukomme, nämlich eine Änderung des Bewegungszustandes des betrachteten Systems relativ zum Äther. Dieser Äther gibt bei Lorentz sozusagen das Rückgrat der ganzen Welt ab. Dabei sind nicht nur alle Eigenschaften dieses Äthers unbekannt, auch die Frage nach den etwaigen Grenzen seiner kosmischen Erstreckung scheint völlig unbeantwortbar, ja seine Existenz wird durch keinen einzigen Versuch unmittelbar nachgewiesen. Ja, wenn noch wenigstens der Michelson-Versuch ein positives Resultat gehabt hätte, das dann als eine Art Existenzbeweis des Äthers hätte angesehen werden können!

Je mehr man über diese Dinge nachdenkt, desto fester wird sich folgende Überzeugung festsetzen: Wir nehmen überall nur relative Bewegungen wahr, sie sind das einzige unmittelbar Gegebene, die einzigen Bewegungen, die auch messend durch Experiment verfolgt werden können. Es ziemt aber der empirisch gerichteten Naturwissenschaft, als Elemente ihrer Theorie das wirklich Gegebene anzunehmen.

So war es denn natürlich, dass die lorentzsche Theorie sehr schnell an Boden verlor, als Albert Einstein durch seine geniale Umdeutung die verloren geglaubte Möglichkeit einer völlig relativistischen Auffassung zurückgewann.

3.3 Einsteins Relativierung des Raums

3.3.1 Die neue Deutung

Einsteins Leistung lässt sich vielleicht am besten dahin charakterisieren, dass er die lorentzsche Theorie mit großer Behutsamkeit auf ein völlig andersartiges Fundament stellte, ihre brauchbaren Teile aber, namentlich manches von ihrer mathematischen Ausgestaltung, im einzelnen durchaus beibehielt. Hingegen wird das, was Lorentz als ein physikalischer Vorgang erschien, auf eigentümliche Art ins Philosophische oder bloß Mathematische umgedeutet, und hierdurch werden die soeben erwähnten Unstimmigkeiten völlig beseitigt. Wir wollen versuchen, wiederum vorsichtig an einzelnen Beispielen tastend, seiner Auffassung, die allerdings dem ersten Verständnis des nicht abstrakt und mathematisch Geschulten erhebliche Schwierigkeiten bietet, näherzukommen.

Kehren wir zum fahrenden Eisenbahnzug zurück! Wie wir nun öfters gehört haben, stellt ihn sich Lorentz verkürzt vor. Einstein aber sagt: Nur insofern diese Verkürzung empirisch feststellbar ist, habe ich Veranlassung, auf sie einzugehen. Also: Wie wird sie festgestellt, und vor allem: Wer stellt sie fest? Nun, der im Zug mitfahrende Beobachter jedenfalls nicht; denn für ihn ist, wie wir ja ausführlich gesehen haben, die Verkürzung infolge gleichzeitiger Verkürzung des Maßstabs gar nicht wahrnehmbar. Sie existiert also nur für den nicht mitfahrenden, auf dem festen Boden gebliebenen Beobachter. Der fahrende Eisenbahnzug und der ruhende

Boden stellen, wie wir uns früher ausdrückten, verschiedene „Systeme" dar, und wir können nun sagen: Die Verkürzung wird nur dann wahrgenommen, wenn eine einem System angehörende Strecke von einem andern System aus gemessen werden soll.

Diese Bemerkung nun bot Einstein die Veranlassung zu seiner merkwürdigen Kritik der Raummessung. Er sagte, wir haben grundsätzlich zwei verschiedene Arten von Streckenmessung zu unterscheiden: solche, bei denen sich der Messende und die zu messende Strecke im selben „System", d. h. in relativer Ruhe zueinander befinden, und solche, bei denen sie in verschiedenen „Systemen" ruhen, bei denen sich also entweder der Beobachter an der Messstrecke oder die Messstrecke am Beobachter vorbeibewegt, was vom relativistischen Standpunkt aus auf das gleiche hinauskommt. Wir wollen uns beide Arten der Messung etwas genauer ansehen. Die geringsten Schwierigkeiten bietet natürlich die erste Art, bei der Beobachter und Messstrecke sich in gegenseitiger Ruhe befinden. Wird beispielsweise jemandem die Aufgabe gestellt, die Frontbreite eines Hauses zu messen, so steht das Haus ruhig vor ihm, von einer Bewegung ist keine Rede. Er und das Haus befinden sich im gleichen System, nämlich im System der als ruhend betrachteten Erde. Hat nun der Mann einen Metermaßstab, so wird die Ausführung keine Schwierigkeiten machen. Er legt in bekannter Weise den Anfangspunkt des Metermaßstabs auf den Anfangspunkt der Messstrecke, merkt sich den erhaltenen Endpunkt, legt das Metermaß ein zweites Mal an, sodass jetzt sein Anfangspunkt mit dem Endpunkt der vorigen Messung übereinstimmt, und fährt in dieser Weise fort. Fällt etwa bei der 19. Anlegung des Maßstabs Endpunkt der Messstrecke und des Maßstabs zusammen, so wird er als Ergebnis seiner Messungsarbeit die Zahl von 19 m angeben. Sollte die Messung nicht aufgehen, so werden in bekannter Weise kleinere Maßstäbe eingeführt, etwa Dezimeter, Zentimeter usw., worauf wir hier nicht weiter einzugehen brauchen. Das Charakteristische dieser Art von Messung ist nun, dass dabei der Zeitbegriff und die Zeitbestimmung nicht die geringste Rolle spielen. Mag unser Mann seine Arbeit schnell oder langsam vornehmen, mag er sich im glücklichen Besitz einer richtiggehenden Armbanduhr befinden, oder mag sie zu Hause liegen geblieben sein, all das ändert weder an seiner Messungsmethode noch an seinem Ergebnis auch nur das aller geringste.

Nun sei im Gegensatz hierzu die Aufgabe gestellt, die Länge eines fahrenden Eisenbahnzuges zu messen. Wie ist dies möglich? Offenbar nicht wie eben durch Anlegen des Maßstabs; denn der Eisenbahnzug würde weiterfahren, während wir das Metermaß anlegen. Auch mit Nebenherlaufen ist es nicht zu machen. Denn physikalisch ist der nebenherlaufende Beobachter von dem auf dem Trittbrett mitfahrenden gar nicht zu unterscheiden. Beide gehören zum System des fahrenden Zuges. Soll dieser wirklich von der festen Erde aus gemessen werden, so muss auf dieser sein Anfangs- und Endpunkt zu einer bestimmten Zeit markiert und dann die so erhaltene Strecke nach der vorigen Art bestimmt werden. Es ist also etwa so zu verfahren: Am Eisenbahndamm werden eine Anzahl Leute aufgestellt, die außerordentlich genaue Uhren haben, und ihnen aufgegeben, auf dem Eisenbahndamm Anfangs- und Endpunkt des Zuges zu einer bestimmten Zeit, also etwa um 12 Uhr, durch einen Kreidestrich zu markieren. Die Uhren unserer Gehilfen mögen untereinander auf das Genaueste übereinstimmen; wir werden bald (im Kapitel 'Die Relativierung der Zeit', S. 43ff) sehen, wie dies zu erreichen ist. Die Leute mögen ferner mit einer beliebigen Präzision arbeiten; so werden wir eine Strecke erhalten, die wir als der Länge des fahrenden Zuges gleich voraussetzen dürfen, und diese, die sich ja nun in unserem „System" befindet, messen wir nun nach der früheren Art. Wir sehen, dass «ich diese Art der Messung von der ersten sehr stark unterscheidet; sie ist nämlich keineswegs von der Zeit unabhängig, setzt vielmehr den Gebrauch von Zeitmessinstrumenten, sog. Uhren, durchaus voraus. Die Messung im gleichen System war vollständig zeitlos, die im fremden System kann es nicht sein, weil der Begriff der Bewegung (und „fremdes" System heißt ja „relativ zum eigenen bewegtes" System) den Begriff der Zeit eben voraussetzt, ohne ihn nicht denkbar ist. Die erste Art der Messung ist eine reine Frage der geometrischen Kongruenz, die zweite greift über dies Gebiet wesentlich hinaus.

Wir haben also zwei Arten der Messung. Ist es nun sicher, fragt Einstein, dass bei dieser grundsätzlich verschiedenen Arbeitsmethode sich unter allen Umständen das gleiche

Resultat ergibt? Was sagt darüber unsere Erfahrung? Nun, zunächst ganz sicher, dass die zweite Art der Messung so gut wie gar nicht angewandt wird. Wollen wir die Länge eines Eisenbahnzuges feststellen, so lassen wir ihn eben anhalten oder begeben uns auf seine Trittbretter, kurz, suchen auf jede Weise eine relative Bewegung zu ihm auszuschalten, mit ihm in das gleiche System zu kommen. Ebenso wird jeder Fuhrmann, der die Deichsel eines fahrenden Wagens messen will, einfach nebenhergehen und im Weitergehen messen. Uns aber muss es jetzt durchaus darauf ankommen, die Länge einer Strecke von einem andern System aus zu messen oder uns gemessen zu denken, und hierfür kann gar keine andere Methode angegeben werden als unsere obige.

Wir werden also gestehen müssen: Praktische Erfahrungen über die Messungen der zweiten Art liegen kaum vor. Aber auch selbst wenn sie vorlägen oder versucht würden, was wäre von ihnen zu erwarten? Wir wissen, dass alle uns zugänglichen Geschwindigkeiten, ja selbst die der Erdbewegung, im Vergleich mit der uns hier in erster Linie interessierenden Lichtgeschwindigkeit ganz außerordentlich langsam sind. Sie erfolgen samt und sonders geradezu im Schneckentempo! Erfahrungen, die für diese spezielle Art von Bewegungen gemacht sind, brauchten sich nun noch nicht ohne Weiteres auf die allgemeine Form der Bewegung übertragen zu lassen. Denn es ließe sich doch wohl — zunächst rein hypothetisch — der Fall denken, dass etwaige Differenzen zwischen beiden Arten der Messung für langsame Bewegungen so geringfügig wären, dass sie selbst unseren feinsten Messmethoden entgingen, während sie für größere Geschwindigkeiten mehr ins Gewicht fallen könnten.

Die Erfahrung sagt uns also über die Übereinstimmung oder Nichtübereinstimmung beider Arten der Messung nichts aus. Es ist nun ein ganz anerkannter Grundsatz der Technik physikalischer Forschung, wenn über einen Punkt keine bestimmten Erfahrungen vorliegen, auch keine erwartet werden können, es zunächst einmal mit einer mehr oder weniger „plausiblen" Annahme zu versuchen, aus ihr Folgerungen, womöglich auf mathematischem Wege, abzuleiten, und dann zu sehen, wie weit diese Folgerungen mit der Erfahrung übereinstimmen. Von dieser Freiheit macht nun auch Einstein Gebrauch, indem er festsetzt: **Wir nehmen an, dass beide Messungsarten nicht miteinander übereinstimmen, dass vielmehr dem Be-**

obachter, der vom ruhenden System aus eine Strecke des bewegten Systems messen will, diese verkürzt erscheine, und zwar gerade im Ausmaß der lorentzschen Kontraktion. Damit glauben wir unsere ankündigende Bemerkung, dass Einstein die rein physikalische Auffassungsweise Lorentz' ins Mathematische und Philosophische übertragen habe, dabei aber einen großen Teil der alten Auffassung durchaus beibehalten konnte, klargelegt zu haben.

Der sehr große Vorteil der einsteinschen Auffassung liegt vor allem in der nun wiederhergestellten Relativität. Die von ihm angenommene Verkürzung hängt nicht von Ruhe oder Bewegung an sich ab, sondern nur davon, dass die fragliche Strecke von einem System aus gemessen wird, das relativ gegen ihr System in Bewegung ist. Dabei ist die Beziehung des ersten Systems zum zweiten, keine andere als die des zweiten Systems zum ersten. Um dies an unserem Beispiel klarzumachen: Auch wenn der im Zug mitfahrende Beobachter eine Strecke des festen Bodens messen will, kann er dies nur nach der zweiten „Methode" tun, denn der Boden ist relativ gegen ihn bewegt, so gut wie er gegen den Boden. Die Beziehungen sind durchaus wechselseitig, was einen Hauptgrundstein der ganzen einsteinschen Auffassungswelt ausmacht. Bei Lorentz war dies ausgeschlossen, denn eine physikalische Verkürzung ist eben absolut, sie kann nicht abhängig gedacht werden vom Beobachter, der sie wahrnimmt. In der Praxis kann natürlich auch Lorentz nicht umhin, sich auf relativistischen Boden zu stellen. Seine Theorie aber ist absolutistisch. Einstein hat diese Diskrepanz zwischen Theorie und Praxis beseitigt.

Zweifellos wird dieser einsteinschen Raumauffassung der Vorwurf gemacht werden, dass sie allzu abstrakt und unanschaulich sei, und dass außerdem ihre Lehre von der Dissonanz der beiden Messungsmethoden dem gesunden Gefühl, das die Identität beider Messungsresultate schlechthin gebieterisch fordere, allzu sehr widerstreite. Nun möchte ich mich auf eine Erörterung der Rolle, die das gesunde Gefühl in der Wissenschaft zu spielen hat, nicht einlassen, betrachte es überhaupt lediglich als meine Aufgabe, dem Leser die Relativitätstheorie so nahe wie möglich zu bringen und sie seinem Verständnis zu erschließen. Nicht aber möchte ich alle Einwände oder Bedenken, die sich in diesen anerkanntermaßen, höchst schwierigen Fragen erheben lassen, als schlechthin unberechtigt oder gar töricht hinstellen. Immerhin sei Folgendes bemerkt: Die Bedeutung der Anschaulichkeit in der Wissenschaft, so groß sie ist, darf nicht überschätzt werden. Zweifellos ist es die Anschauung, die in den allermeisten Fällen dem Forscher den Weg in noch unerschlossene Gebiete weist; sie beflügelt seine Fantasie, ohne die auch er nicht schaffen kann. Andrerseits ist es wieder die Anschauung, die dem Lernenden den Weg für neue Gedankengänge bahnen muss. Aber hierin liegt ihre Bedeutung auch beschlossen! Das letzte Kriterium für den Wert und die Richtigkeit einer Lehre kann ihre Anschaulichkeit niemals abgeben. Im Kampf zwischen leicht verständlicher Anschaulichkeit einerseits und mathematisch geschärfter, abstrakter Logik andrerseits wird, wie uns die Geschichte der Wissenschaft vieler Jahrhunderte gezeigt hat, die letztere immer Siegerin bleiben. Wünscht man durchaus eine Veranschaulichung, so wird sie vielleicht am besten durch folgendes, öfters von Petzoldt gebrauchte Bild geboten: Auch wenn wir einen Gegenstand betrachten, ist ja das Bild, das wir von ihm empfangen, nicht nur vom betrachteten Objekt, sondern auch von unserem eignen Standpunkt abhängig. Wo immer wir diesen wählen, perspektivische Verkürzung können wir niemals ausschalten. Aber bei aller Verschiedenartigkeit der erhaltenen Bilder zweifeln wir doch nicht daran, dass sie vom selben Gegenstand herrühren. Nun waren wir bisher überzeugt, dass zwar nicht das menschliche Auge, wohl aber physikalische Messmethoden einen Vorgang ganz objektiv aufzunehmen vermögen. Das verneint die einsteinsche Auffassung, indem sie behauptet, dass der Bewegungszustand des Beobachters in alle, auch die scheinbar objektivsten physikalischen Messungen mit eingehe. Sie liefern also alle nur Bilder des Vorgangs, sozusagen mit einer gewissen Perspektive behaftet. Steht nun hinter diesen verschiedenen Bildern überhaupt noch ein uns freilich ganz unzugänglicher objektiver Vorgang, oder sind diese selbst die schlechthin letzte greifbare Realität? Mit aller Energie vertritt J. Petzoldt den letzteren Standpunkt, doch müssen wir uns hier mit der bloßen Aufwerfung dieser Frage begnügen.

Eine „Veranschaulichung" der Relativitätstheorie sind diese Bemerkungen nicht und können sie nicht sein; denn diese ist eben unanschaulich und deswegen schwierig. Aber diese Schwierigkeiten sind keineswegs sozusagen mutwillig von der Theorie heraufbeschworen. Sie liegen vielmehr in den Erfahrungstatsachen begründet. Um die scheinbare Unvereinbarkeit der beiden grundlegenden Versuche zu beheben, bedurfte es eines kühnen Entschlusses; Einstein hat ihn gefasst, und allem Anschein nach ist er ihm gelungen.

3.3.2 Licht, Äther und Anschaulichkeit

Unsere letzten Bemerkungen über Anschaulichkeit in der Naturwissenschaft erhalten eine merkwürdige Illustration durch die Geschichte unserer Vorstellungen von der Natur des Lichts. Die alte newtonsche Emissionstheorie, die das Licht aus fortgeschleuderten Massenteilchen bestehen ließ, war ohne Zweifel recht anschaulich. So hielt sich denn diese Lehre auch noch weiter, selbst nachdem sie für unsere Begriffe durch die Interferenzerscheinungen, von denen übrigens eine Newton selbst bekannt war, unzweifelhaft widerlegt war. Auch die huygenssche Wellenlehre ist noch anschaulich. Wenn freilich auch die Vorstellung von Wellen, die so klein sind, dass ihrer 2000 auf einen Millimeter gehen, und die doch einander so schnell folgen, dass sie die Strecke von Köln nach Königsberg 300-mal in einer Sekunde durchqueren, äußerst schwierig ist, so liegt darin doch noch kein grundsätzlicher und kein gewollter Verzicht auf die Anschaulichkeit. Im Gegenteil! Darin, dass die Theorie der elastischen Schwingungen im Äther trotz handgreiflicher Schwierigkeiten so lange aufrechterhalten blieb, zeigt sich das deutliche Bestreben, alle Vorgänge unter mechanisch geläufigen Bildern zu begreifen, die Bewegungsvorgänge als den Kern alles Naturgeschehens zu betrachten und die Anschaulichkeit um jeden Preis zu retten. Keine inneren Schwierigkeiten waren es, an denen schließlich diese elastische Theorie scheiterte, sondern die positive Aussicht auf neue Triumphe der Wissenschaft, die sich vor allem an die Namen Faraday, Maxwell und Hertz knüpfte. Die Anschaulichkeit aber erlitt durch die neue elektromagnetische Lichttheorie einen argen Stoß. Die mit rasender Geschwindigkeit hin und her schwingenden Ätherteilchen waren zur Not noch vorstellbar, aber was sollte man anfangen mit einem ebenso schnell sich durch den Weltraum fortpflanzenden Kraftfeld mit seinem stets wechselnden Doppelspiel von senkrecht aufeinander stehenden elektrischen und magnetischen Kräften! Und doch waren diese elektrischen und magnetischen Kräfte, die auf ihrem ganzen weiten Weg keine andere Möglichkeit zu wirken hatten, als die, neue Kräfte gleicher Art hervorzurufen, das Einzige, was man sich unter der Lichtfortpflanzung zu denken hatte. Mit der anschaulichen Bewegung materieller Teilchen hatte diese ganze Vorstellung nichts mehr zu tun, in ihr lag also schon der Verzicht auf eine eigentlich mechanische, d. h. allein auf Bewegung gegründete Weltanschauung. Aber große Teile der Physik, die Mechanik, die Akustik, die Wärmelehre, auch wohl die ganze Chemie blieben von diesem Wechsel der Anschauung unberührt, hier wenigstens war eine mechanische Anschauung noch gestattet. Freilich wuchs trotz des letzten großen Triumphs, den die mechanische Anschauung in der glänzenden, höchst anschaulichen kinetischen Gastheorie Boltzmanns erringen konnte, die Bedeutung und der Umfang der mechanisch nicht erklärbaren Teile der Physik insbesondere durch die Entdeckungen von Röntgen, Bequerel, Frau Curie, Rutherford, Laue und Planck immer mehr an.

Wir nehmen die schon oben besprochene Deutung der Versuche von Niveau und Michelson wieder auf. Wie schon gesagt, lässt sie sich dahin präzisieren, dass das Licht, vom ruhenden System aus beobachtet, im ruhenden schwingt, vom bewegten aus beobachtet, im bewegten. Da wir einen grundsätzlichen Unterschied von bewegtem und ruhendem System nicht mehr anerkennen werden, so können wir auch sagen: Das Licht gehört dem System des jeweiligen Beobachters an, es ist, um einen glücklichen Ausdruck Blochs zu wiederholen, „Kosmopolit"; es sagt freilich nicht: ubi bene, ibi patria, sondern: wo ich gesehen und beobachtet werde, da ist mein Vaterland.

Suchen wir uns dies noch weiter zu „veranschaulichen": Wir haben bisher nur von linienförmiger Fortpflanzung des Lichtes gesprochen; in Wirklichkeit bewegt es sich ja bekanntlich nach allen Richtungen des Raumes, also kugelförmig nach allen Seiten. Nehmen wir nun an, im freien Weltraum werde an einem bestimmten Punkt ein Lichtblitz losgelassen, und gleichzeitig werde dieser Punkt von einer beliebig großen Schar von Beobachtern durchflogen, die von den verschiedensten Seiten, jeder mit einer andern Geschwindigkeit, jedoch alle geradlinig-gleichförmig, herangeeilt kommen. Was werden alle diese Beobachter sehen? Machen wir uns ihre Beobachtungen an dem Bild eines ins

Wasser geworfenen Steines klar, der ein System konzentrischer Ringe zieht. Die Ringe wachsen und wachsen nach außen, aber wie groß sie auch werden, sie lassen jederzeit noch deutlich den Mittelpunkt erkennen, von dem sie ausgegangen sind, und um den sie sich konzentrisch herumlagern. Auch macht es unserer Anschauung keine erheblichen Schwierigkeiten, uns das Ringsystem etwa in einem vollkommen sanft und stetig fließenden Fluss vorzustellen, der die Kreise mitsamt ihrem Mittelpunkt stromabwärts trägt. Dieser ganze bekannte Vorgang der Wellenausbreitung findet eben statt in dem als relativ ruhend angenommenen System des Wassers. Und doch können wir uns, und zwar ohne Schwierigkeit, vorstellen, dass dieses ganze Wassersystem bewegt sei, relativ etwa zu dem nun als ruhend angenommenen Ufer.

Das aber überschreitet unsere Anschauungskraft, uns vorzustellen, dass wir zu dem nämlichen fortschreitenden Wellensystem verschiedene Mittelpunkte anzunehmen haben, die von demselben Punkt aus, zwar erheblich langsamer als die Wellenbewegung, aber auch noch mit merklicher Geschwindigkeit, auseinander streben und dabei doch noch in jedem beliebigen Zeitmoment Mittelpunkte der fortschreitenden Wellenbewegung bleiben. Eben zu dieser Annahme sind wir aber durch die Tatsachen der Lichtausbreitung gezwungen, und zwar sogar noch unabhängig von jeder Theorie! Denn die Tatsachen zeigten uns doch, dass jeder Beobachter, gleichviel wie er sich selber auch bewegen möge, die gleiche Lichtgeschwindigkeit um sich herum wahrnimmt, im Raum also ein konzentrisches Kugelsystem mit sich selbst im Mittelpunkt annehmen muss. Als fließend können wir uns das Wasser vorstellen; aber es übersteigt die Kräfte unserer Fantasie, anzunehmen, dass es gleichzeitig nach mehreren, ja beliebig vielen Richtungen auseinander fließe, sodass der im Augenblick der Wellenentstehung einheitliche Mittelpunkt sich nun zerteile, wobei aber jeder einzelne nun entstehende Punkt nach wie vor Mittelpunkt der gemeinsamen Wellenbewegung bleibt.

Kehren wir zu der räumlichen Anschauung und den Lichtkugeln zurück! Wie ist der Streit um die Kugeln zu schlichten? Lorentz sagt: Nur ein System konzentrisch wachsender Kugeln ist das echte, nämlich das im absolut ruhenden Äther, und nur wenn ein Beobachter im Äther ruht, so fällt die von ihm wahrgenommene Kugel mit der absolut richtigen zusammen. Dass auch die übrigen sich jederzeit im Mittelpunkt der von ihnen wahrgenommenen konzentrisch fortschreitenden Kugeln zu befinden glauben, das ist eine Täuschung, die durch die Veränderung der Maßstäbe dem Auge der Beobachter entzogen bleibt. — Einsteins Urteil erinnert etwas an Nathan den Weisen mit seinen drei Ringen! Er sagt: Jede Kugel ist die echte, freilich nicht die absolut echte, sondern nur relativ, d. h. für ihren Beobachter. Sieht aber ein Beobachter aus seinem System in ein fremdes, so erscheint ihm die dortige Kugel verzerrt; aber nicht, weil sie an sich verzerrt wäre, sondern nur, weil er bei dem Überschreiten der Grenzpfähle seines Systems die Maßstäbe, die sich innerhalb seines Systems durchaus bewährt haben, unberechtigterweise weiter anwendet. Nicht als ob das fremde System von seinem eigenen an sich verschieden wäre, im Gegenteil, alle Systeme gleichen sich wie ein Ei dem andern; nur in dem Messen aus einem System heraus in ein anderes hinein liegt eine Kritiklosigkeit, die sich gerächt hat.

Und wo ist unser Äther geblieben? Er hat seine Existenzberechtigung eingebüßt! Er wäre, um obiges Bild wieder aufzunehmen, dem Wasser zu vergleichen, das gleichzeitig nach mehreren oder eigentlich sogar beliebig vielen Richtungen auseinander fließt; oder auch dem Floß auf S. 27, das mit dem ruhenden Beobachter stillsteht und zur selben Zeit mit dem bewegten stromab treibt. Physikalisch, chemisch und astronomisch war er von jeher ein mehr als dürftiger Geselle, der eigentlich nur über Wasser gehalten wurde, um die Lichtbewegung zu erklären. Aber gerade deren Verständnis wird nach Einstein durch den Äther eher erschwert als erleichtert. Denn worauf es uns beim Licht in allererster Linie ankommt, und was der Erklärung demnach vor allem bedarf, das ist die Konstanz seiner Fortpflanzungsgeschwindigkeit für jeden Beobachter, die nur durch einen Äther, der relativ zu diesem ruht, verständlich ist. Der Äther müsste also relativ zu allen Beobachtern ruhen, oder was dasselbe bedeutet, sich in allen möglichen Bewegungszuständen zugleich befinden. Ein Stoff aber, der nicht nur aller physikalischen und chemischen Eigenschaften, sondern sogar eines bestimmten Bewegungs- und Ruhezustandes ermangelt, gleicht denn doch allzu sehr dem berühmten Messer ohne Klinge, dem der Stiel fehlt.

Damit aber ist auch zugleich der letzte Rest von Anschaulichkeit geopfert. Ein Kraftfeld, das sich mit ungeheurer Schnelligkeit und in noch schnellerem, absolut regelmäßigen, periodischen Wechsel durch den leeren Raum verbreitet, ohne dass das mindeste materielle Substrat, an dem diese Ausbreitung geschehen könnte, nachweisbar oder auch nur vorstellbar wäre, und das sich dabei noch nach dem Beobachter, der es wahrnimmt, zu richten scheint, spricht jedem Veranschaulichungsbestreben Hohn.

Veranschaulichung eines Vorgangs ist aber nichts anderes als seine Verständlichmachung durch ein wirkliches oder gedachtes mechanisches Modell, denn das Einzige, was restlos anschaulich ist, sind die Bewegungsvorgänge. Die Ansicht, dass sich das gesamte Naturgeschehen auf Bewegungsvorgänge zurückführen lasse, nennt man bekanntlich mechanische Weltanschauung. Sie ist nach dem Vorigen nicht aufrechtzuerhalten. Es wird sich auch zeigen, dass die alten mechanischen Prinzipien und die neuen elektromagnetischen nicht etwa gleichberechtigt nebeneinander bestehen bleiben, sondern dass wohl die ersteren eine Unterordnung unter die letzteren vertragen, das Umgekehrte jedoch nicht möglich ist. So hat die abstrakte mathematische Weltanschauung über die anschaulich-mechanische auf der ganzen Linie gesiegt. Ob es nun im Prinzip möglich ist, alle „Dinge zwischen Himmel und Erde" zwar nicht auf Bewegungsvorgänge, aber doch auf quantitativ messbare und also der mathematischen Behandlungsweise zugängliche Größen zurückzuführen, darüber soll mit diesen Worten weder in positiver noch in negativer Richtung etwas gesagt oder angedeutet sein.

Schließlich sei noch für Leser, denen die eben gebrauchten Bilder der konzentrischen — und doch wieder exzentrischen — Lichtkugeln etwa zu abstrakt und schwierig vorgekommen sein mögen, gesagt, dass ihnen zuliebe, um die Schwierigkeiten für den Anfang nicht zu häufen, schon eine merkliche Vergröberung der mathematisch korrekten Bilder stattgefunden hat. Eine wirklich strenge Auffassung bedarf außer einer Relativierung des Raumbegriffs auch einer Relativierung des Zeitbegriffs, der wir uns nunmehr zuwenden.

3.4 Die Relativierung der Zeit

Die Relativierung der Zeit scheint gemeinhin dem Verständnis noch weit größere Schwierigkeiten zu bereiten als die des Raumes. Die Zeit, so wird etwa argumentiert, sei doch eben ein stetiges Fließen, das nur dem inneren Sinn, diesem aber auch vollkommen deutlich zugänglich sei und daher nicht abhängig gedacht werden könne von irgendwelchen äußeren Geschehnissen. Die Zeit sei daher notwendig absolut zu verstehen. Um dieser Argumentation die Spitze abzubrechen, wäre es allerdings vielleicht richtiger, statt von einer „Relativierung der Zeit" lieber von einer „Relativierung der Zeitmessung" zu sprechen und es alsdann getrost dem Leser zu überlassen, wie viel er nach der Relativierung der Zeitmessung von der absoluten Zeit noch übrig behalten will. Wir wenden uns nun zu den ...

3.4.1 Prinzipien der Zeitmessung und Fragestellung

Wir nehmen an, wir seien im Besitz einer tadellos gehenden Uhr, die in bekannter Weise durch die scheinbare tägliche Umdrehung des Himmelsgewölbes auf astronomischem Wege kontrolliert werde und eine beliebig genaue Zeitablesung gestatte. Heute würde man dazu eine hochpräzise Atomuhr verwenden. Ist nun hierdurch die Frage der Zeitmessung gelöst? Solange wir dauernd mit der Uhr am selben Ort bleiben, gewiss! Wir wünschen aber die Zeit gleichmäßig für ein größeres Gebiet festzulegen, so also, dass sich an beliebig vielen Punkten des Gebietes Uhren befinden, die zu gleicher Zeit auch haarscharf die gleiche Zeit anzeigen. Wie kann dies geschehen? Man könnte auf folgenden Gedanken kommen: Man lasse sich eine genügende Zahl guter Uhren herstellen, vergleiche sie eine Zeit lang mit der als Normaluhr anerkannten, reguliere sie, solange dies nötig ist, und bringe sie schließlich an den verlangten Ort. Ist dies für genügend zahlreiche Orte durchgeführt, so ist die Zeit für unser Gebiet definiert. Hierauf ist zu erwidern: Rein theoretisch ist der Vorgang des Uhrentransportes recht schwer fassbar. Es ist nicht klar, wie dies mathematisch ausgedrückt werden kann. Ferner: Wer gibt die Gewähr, dass die Uhr nicht infolge des Transportes anders geht als vorher? Historische Pendeluhren z. B. hängen in ihrem Gang von dem Ort ab, an dem sie sich befinden, alle Uhren richten sich mehr oder weniger nach der Temperatur; außerdem, auch von allen Nebenumständen abgesehen, könnte nicht auch eine Uhr, die tadellos ging, solange sie sich bei der Normaluhr befand, ihre Unzuverlässigkeit erst bekunden, sobald sie allein ist? Dies leugnen, hieße einfach, die Geschicklichkeit des Uhrenherstellers absolut zu setzen, und dies wird kaum unsere Absicht sein. Wir werden vielmehr zugeben müssen: Soll sich die Zeitmessung auf ein größeres Gebiet erstrecken, so ist dauernde gegenseitige Kontrolle der Uhren, deren Wiederholung sogar beliebig oft möglich sein muss, ganz unumgänglich. So wird ja auch in der Praxis verfahren. Alle Uhren, für die eine einheitliche Zeit, also beispielsweise die Mitteleuropäische Zeit, gelten soll, sind durch ein bestimmtes Signalsystem unter sich verbunden, das die sicherste Gewähr dafür bietet, dass die von einer Uhr angegebene Zeit auch von der andern geliefert wird. Wesentliche Schwierigkeiten treten nicht auf, solange das Gebiet so klein ist, dass für die fragliche Nachrichtenübermittlung an sich keine merkliche Zeit gebraucht wird. Bei der sehr großen Geschwindigkeit, mit der sich optische, elektromagnetische, elektrische Zeichen fortpflanzen lassen, könnte ja ein solches Gebiet nach gewöhnlichen, z. B. geografischen Begriffen immerhin noch recht groß sein.

Nun nehmen wir aber an, unser mit Uhren zu versehendes Gebiet sei so groß, dass die Zeit, die zur Nachrichtenvermittlung gebraucht wird und die ja unter allen Umständen eine endliche ist, nicht mehr vernachlässigt werden darf. Es ist dann in folgender Weise zu verfahren: Zu einer bestimmten Zeit, sagen wir um 12 Uhr, gibt ein Beobachter *A* ein Zeichen. Kommt dies Zeichen bei einem zweiten Beobachter *B* an, so darf er natürlich nicht etwa seine Uhr auch auf 12 Uhr stellen, sondern er muss die Zeit, die zur Nachrichtenübermittelung gebraucht wird, noch addieren und erhält erst dann die Zeit, auf die er seine Uhr einstellen muss. Wegen der großen Wichtigkeit dieser Korrektion wollen wir ihre Notwendigkeit noch besonders beweisen. Nehmen wir an, die drei Punkte *A, B* und *C* liegen in einem gleichseitigen Dreieck. Es gebe nun *A* sein Zeichen, und *B* und *C* stellen nach Empfang des Zeichens ihre Uhr ohne Korrektion ein. Nun werden die Uhren von *B* und *C* ganz gleich gehen, beide hingegen gehen gegen die Uhr von *A* nach, und zwar um die Zeit, die zur Nachrichtenübermittelung gebraucht wurde. Soll nun aber das Zeichen nicht von *A,* sondern von *B* oder *C* aus gegeben werden, so springt der Widerspruch natürlich sofort in die Augen. Eine für unser gesamtes System gültige Zeitdefinition wäre offenbar auf diese Weise nicht zu erhalten.

Die Zeit, die zur Signalgebung gebraucht wird, muss also berücksichtigt werden. Natürlich arbeiten wir mit optischen oder elektromagnetischen Signalen, denn diese sind ja schlechtweg die einzigen, die über die Erde hinausreichen, und außerdem würde auch die Verwendung anderer Zeichen nicht zu einer Klärung der uns interessierenden Fragen führen. Es gebe also *A* einen Lichtblitz ab; ist er bei *B* angekommen, so stellt *B* seine Uhr nicht ohne Weiteres danach ein, sondern bringt die notwendige Korrektion an. Ausrechnen kann er diese freilich nur dann, wenn ihm die Entfernung *A B* und die Lichtgeschwindigkeit bekannt sind. Vorsichtshalber kann übrigens auch folgendermaßen verfahren werden: *A* gibt sein Signal ab, und *B* telegrafiert sofort nach Erhalt zurück. *A* halbiert die Zeit, die zwischen Absendung und Empfang liegt, und lernt auf diese Weise die notwendige „Korrektion" kennen. Wird in umgekehrter Weise verfahren, so kann auch *B* sie kennenlernen und sinngemäß verwenden. Nun können beide Beobachter ihre Uhren aufeinander einstellen. Uhren, die in dieser Weise aufeinander eingestellt und in dauernder Kontrolle gehalten werden, nennt man gleich gehende oder synchrone Uhren.

Das Vorangegangene wird nun freilich nur in dem Fall zu keinen besonderen Schwierigkeiten führen, wenn *A* und *B* relativ gegeneinander ruhen, oder wenn sie, wie wir uns früher ausdrückten, zum gleichen System gehören. Wir wollen also diese Voraussetzung machen und uns zugleich noch beliebig viele weitere Uhren an allen möglichen Punkten unseres Systems angebracht denken. Nun lässt sich ohne Schwierigkeiten zeigen, dass zwei Uhren, die zu einer dritten synchron gehen, auch untereinander synchron gehen. Ich brauche also nur eine für das System gültige Normaluhr aufzustellen und danach alle andern Uhren synchron einzustellen, und die Frage der Zeitbestimmung wäre für unser System in völlig befriedigender Weise gelöst. (Hiermit ist auch die auf S. 34 gebliebene Lücke ausgefüllt.)

Nun jedoch denken wir uns mehrere, sagen wir zwei Systeme gleichzeitig, die sich geradlinig-gleichförmig gegeneinander bewegen. Die Systeme mögen, wie auch bisher schon, rein mathematisch gedacht sein, sodass sie sich ohne Schwierigkeit gegeneinander- und ineinanderschieben lassen. Sie können linienförmig gedacht sein, sodass wir zwei Linien haben, die gegeneinander bewegt werden, jedoch so, dass sie stets auf dieselbe Linie zu liegen kommen. Oder wir können uns auch flächenhaft ausgebreitete Systeme denken, etwa symbolisiert durch zwei Blätter Papier, die aufeinandergelegt sich geradlinig-gleichförmig gegeneinander bewegen. Oder schließlich Räume, die gegeneinander fliegen. Jeder Punkt kann nun gleichzeitig beiden Systemen angehören, oder, was dasselbe ist, jeder Punkt eines Systems deckt sich mit einem bestimmten Punkt des andern Systems, allerdings nur momentan. Nun denken wir uns überall Uhren angebracht. Unter allen Umständen, daran wolle man unbedingt festhalten, verlangen wir, dass alle Uhren desselben Systems untereinander synchron gehen. Es mögen ferner zwei Uhren der beiden verschiedenen Systeme, die sich aber zu einem bestimmten Zeitmoment gerade an demselben Raumpunkt befinden, in diesem Augenblick dieselbe Zeit angeben. Wir fragen nun: Folgt hieraus, dass auch im allgemeinen zwei Uhren verschiedener Systeme in dem Augenblick, wo sie sich an identischen Punkten befinden, also sozusagen aneinander vorbeifliegen, dieselbe Zeit angeben?

3.4.2 Ein Beispiel

Wir denken uns zwei ebene Systeme, also etwa ein Blatt Papier und ein unmittelbar dahinter befindliches. Das vordere denken wir uns ruhend, während das hintere (in der Figur gestrichelte) nach rechts bewegt wird. In dem vorderen Blatt befinde sich ein Beobachter B, in dem hinteren ein solcher B' (Fig. a). Im Punkt A werde nun ein Lichtblitz abgegeben, dieser Punkt A ist also als beiden Systemen angehörig zu betrachten. Der Lichtblitz verbreite sich und komme in dem Punkte B gerade im Augenblick der Fig. b an, wo der bewegte Beobachter B' am festen B vorübersaust. Der bewegte Beobachter B' empfängt also den Blitz, der zu der Zeit abgegeben wurde, als er sich in der Lage der Fig. a befand, erst in der Lage der Fig. b; der Ausgangspunkt des Signals, der als solcher beiden Systemen angehört, ist als

Punkt des festen Systems in *A* geblieben; als Punkt des bewegten Systems und für den bewegten Beobachter hat er sich nach *A'* verschoben. Wir erinnern uns des Beispiels S. 27, wo der fahrende Beobachter das Signal als auf dem Zug abgegeben, der ruhende Beobachter dasselbe Signal als auf dem festen Boden abgegeben annehmen wird. Der ruhende Beobachter wird also die Lichtquelle in *A*, der bewegte Beobachter wird sie in *A'* suchen. Man muss sich nachdrücklich klarmachen, dass beide damit in völlig gleichem Recht sind.

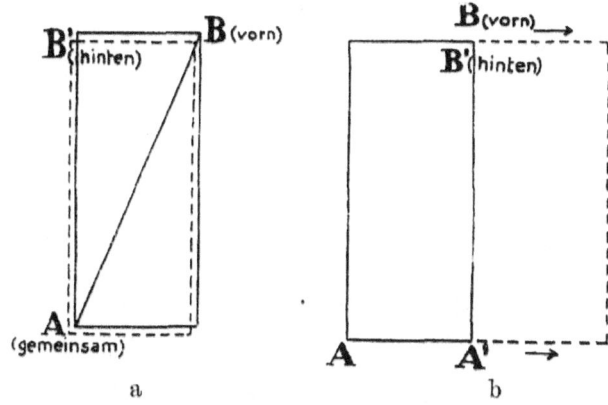

a b

Es ist durchaus nur ein Mangel unserer Ausdrucksweise und unserer Zeichnungen, dass wir den einen Beobachter als den „ruhenden" bezeichnen und dadurch augenscheinlich bevorzugen. Die Wirklichkeit zeigt uns keine „Ruhe" und „Bewegung", sondern nur „relative Bewegung". Wollte man etwa sagen: Wir halten einfach alle Bewegungen an, lassen sie stillstehen und untersuchen dann, welches die richtige Richtung von *B* aus ist, die nach *A* oder die nach *A'*, so ist zu erwidern, dass doch eben dieses „Anhalten" oder „Stillstehenlassen" der Bewegungen einen absoluten Raum voraussetzen würde. Außerdem müsste doch das Anhalten sinngemäß nicht in dem Moment geschehen, wo der Lichtblitz ankommt, sondern in dem, wo er ausgesandt wurde. Denn was die Lichtquelle in der Zwischenzeit angefangen hat, ist ja ganz gleichgültig; sie kann ja auch, wenn es sich wirklich nur um einen Lichtblitz handelte, längst erloschen sein. Aber für den Augenblick der Lichtaussendung ist das Anhalten wieder überflüssig, denn für diesen besteht ja gar kein Streit, da sich zu jener Zeit die jetzt getrennten Punkte

A und *A'* eben deckten. Und nach wie vor wird *B* den Punkt *A*, *B'* den Punkt *A'* als den echten Nachfolger des ehemals vereinigten Punktes erklären.

Beide Beobachter nehmen also den Lichtblitz gleichzeitig in *B* wahr. Seinen Ursprung aber suchen sie mit gleichem Recht der eine in *A*, der andere in *A'*. Nun müssen sie aber beide, wie oben aus diesem Grund ausführlich besprochen, an ihrer Beobachtung eine „Korrektion" anbringen, nämlich zu der signalisierten Zeit noch die Zeit für den Lichtweg addieren. Und diese Zeit fällt für die beiden Beobachter verschieden aus; denn der eine nimmt ja als Lichtweg *A B*, der andere *A' B* an. Die Zeit aber, die das Licht für *A B* brauchen würde, ist ganz augenscheinlich größer als zu *A' B*. Der als ruhend angenommene Beobachter addiert also zu der gemeinsam gemachten Beobachtung eine größere Korrektionszeit, seine Uhr geht also vor, die des bewegten Beobachters geht nach. Es sei nun jedes der beiden Systeme im Sinne des vorigen Abschnittes mit synchron gehenden Uhren ausgestattet. Die beiden Uhren *A* und *A'* zeigten in dem Augenblick, wo sie in *A* aneinander vorbeiflogen, die gleiche Zeit; unsere Betrachtung zeigt, dass nun doch eine gemeinsame Zeit für beide Systeme in der Art, dass am gleichen Ort befindliche oder aneinander vorbeifliegende Uhren zu gleicher Zeit auch die gleiche Zeit angeben könnten, nicht möglich ist.

Es dürfte nicht ohne Interesse sein, dieses Beispiel rechnerisch durchzuführen. Nehmen wir als Beispiel die Erdgeschwindigkeit an. Unsere Erde möge sich also mit der Geschwindigkeit, die sie bei ihrer Bahn um die Sonne entwickelt, in stets geradliniger Richtung weiterbewegen. Wir selbst befinden uns als bewegter Beobachter *B'* auf ihr und bewegen uns nach *B*, wo wir einen festgebliebenen Beobachter antreffen. Wir beide beobachten nun den von *A* ausgegangenen Lichtblitz, jedoch in etwas verschiedener Richtung. Es ist klar, dass dieser Richtungsunterschied, also der Winkel *ABA'*, sehr viel kleiner sein wird als in der Figur. Denn der Weg der Erde von *B'* nach *B* (Fig. a) und der ihm gleiche gedachte Unterschied der beiden Punkte *A* und *A'* ist ja sehr klein im Verhältnis zu dem Weg *AB*, den das Licht in gleicher Zeit zurückgelegt hat.

Wir fragen nun: Wie lange muss die Erde ihren geradlinigen Weg fortsetzen, damit der auf diese Weise entstehende Zeitunterschied der Lichtwege AB und $A'B$ gerade eine Sekunde beträgt? Die Antwort lautet in runder Zahl: 6 bis 7 Jahre. Die Strecken $B'B$ und AA' betragen also 6 „Erdjahre", das 6fache des Kreisumfangs der Erdbahn. Zur Strecke AB hingegen würde das Licht 6 Jahre gebrauchen und die Strecke $A'B$ ist nur um eine „Lichtsekunde", d. h. um 300.000 km kürzer. Der Winkel ABA' beträgt etwa $1/3$ Minute, ziemlich genau den hundertsten Teil des scheinbaren Sonnen- oder Vollmonddurchmessers. Wir kommen auf ihn noch zurück.

Die nächsten Fixsterne sind von uns einige Lichtjahre entfernt. Einige würden sich also wohl auftreiben lassen, die uns kaum weiter stehen als die sechs Lichtjahre der Strecke AB. Vom Standpunkt der gesamten unserem Fernrohr zugänglichen Fixsternwelt aus würde es immerhin noch sozusagen die nähere Nachbarschaft sein. Nehmen wir also an, es werde in A ein Lichtzeichen gegeben, das für die gesamte Nachbarschaft den Beginn einer neuen Zeitrechnung darstellen solle, so würden zwar beide Beobachter genau das gleiche Datum schreiben, auch Stunden- und Minutenzeiger ihrer Uhren stimmten noch überein, der Sekundenzeiger aber würde, obwohl sich beide am gleichen Ort befinden und beide gleich gewissenhaft beobachtet haben, doch eine Differenz von einer Sekunde aufweisen, um die unsere Uhr als die des bewegten Beobachters nachgehen würde.

Dieses Beispiel zeigt die außerordentliche Geringfügigkeit der Änderungen, die durch die Betrachtungsweise der Relativitätstheorie nötig werden[2]. Denn im gewöhnlichen Leben und auch in der

---

[2] Es ist notwendig, auf die außerordentliche Kleinheit der durch unsere Theorie bedingten Änderungen in der Zeitrechnung hinzuweisen. Wenn also deswegen, weil die Uhr des bewegten Beobachters nachgeht, gelegentlich darauf hingewiesen wird, dass die Uhr beim Reisen ständig nachgehe, und dass deswegen das Reisen verjünge, so ist das natürlich eine drastische Ausdrucksweise, ebenso wie unser auf Seite 30 gebrauchtes Beispiel von dem korpulenten Herrn, der durch Bewegung schlank wird. Es scheint aber Leute zu geben, die derartige harmlose Scherze für bare Münze nehmen. Noch auf einen andern Fehler muss ich hier hinweisen: Bewegen sich zwei Beobachter aneinander vorbei, so kann vom Standpunkt der Relativitätstheorie aus jeder sich für ruhend und den andern für bewegt halten. Treffen sich aber die beiden Beobachter nachher wieder, so muss doch einer von ihnen einmal umgekehrt sein, was mit geradlinig-gleichförmigen Bewegungen nicht zu machen ist. Mindestens einer also kann sich

Wissenschaft arbeiten wir ja mit Geschwindigkeiten, die sehr viel kleiner sind als die Erdgeschwindigkeit, mit Zeiten, die kleiner sind als 6 Jahre und auch mit viel kleineren Strecken. Dass wir also im gewöhnlichen Leben und sogar in der Vor-Michelsonschen Physik mit absoluten Vorstellungen ohne Widerspruch mit der Erfahrung ganz gut ausgekommen sind, darf keineswegs als eine Widerlegung des Relativitätsprinzips angesehen werden. Die alten mechanischen, vor allem auf Galilei und Newton beruhenden Grundsätze ordnen sich eben in ihrem kleineren räumlichen und zeitlichen Bereich dem Relativitätsprinzip sehr gut ein und können sozusagen für den Hausgebrauch auch weiterhin unbedenklich in Geltung bleiben. Für größere Bereiche aber sind sie dem allgemeineren elektromagnetischen Relativitätsprinzip untergeordnet.

3.4.3 Die Aberration

Im vorangegangenen Abschnitt ist die Zeitdifferenz, die zwischen der Uhr des ruhenden und der des bewegten Beobachters besteht, für einen besonders einfachen Fall auf den Unterschied der Richtungen zurückgeführt, in der beide denselben Punkt suchen. Dieser Richtungsunterschied ist ganz unabhängig von der Relativitätstheorie, er ist den Astronomen seit etwa 200 Jahren bekannt, und seine praktische Verwertung gehört sozusagen zum alltäglichen Handwerkszeug des Astronomen. Da diese Dinge in die ganze Denkweise der Relativitätstheorie gut einführen, durchaus leicht verständlich sind und auch meist in populär-astronomischen Schriften nicht ausreichend behandelt werden, so sei es gestattet, auf sie etwas ausführlicher einzugehen, als es unser unmittelbarer Zweck vielleicht erfordert.

---

jetzt nicht mehr für in Ruhe geblieben halten. Dieser Sachverhalt ist schon so oft (z. B. von Einstein in seinem Dialog, von Bloch Seite 68, vgl. Literaturverzeichnis) klargestellt, dass ich ursprünglich dachte, ein Eingehen auf ihn erübrige sich. Nun hat aber in einer am 24. August 1920 in Berlin in der Philharmonie stattgefundenen, von weit über 1000 Menschen besuchten Versammlung der Hauptvortragende beide hier besprochenen Fehler miteinander verquickt. Er behauptete, vom Standpunkt der Relativitätstheorie könne jeder der Beobachter dem andern zurufen: Ich bin in Ruhe geblieben, und du hast dich bewegt; also bin ich gealtert, und du bist jung geblieben; oder in konsequenter Fortführung: Ich bin gestorben, und du lebst noch!!!

Wir nehmen, um einen schon öfters verwandten Vergleich zu gebrauchen, an, jemand habe ein genau zylindrisches Rohr, etwa eine Regenröhre oder etwas Ähnliches, und gehe damit im Regen spazieren. Wir setzen voraus, es herrsche völlige Windstille, sodass die Regentropfen ganz haarscharf senkrecht herunterfallen. Der Mann hat sich nun vorgenommen, sein Rohr so zu halten, dass die Tropfen völlig ungehindert hindurchfallen, ohne dabei die Rohrwände zu berühren. Er wird, wenn er selbst stillsteht, das Rohr natürlich ganz genau senkrecht halten müssen. Er fängt nun aber an zu gehen und will auch dabei noch seinen Vorsatz weiter ausführen. Hält er das Rohr nach wie vor senkrecht, so werden die Tropfen, die oben in dieses hineingelangen, wider die hintere Wand schlagen und also nicht ungehindert hindurchfallen. Neigt er aber sein Rohr nach vorn etwas im Sinne seiner Bewegung, so werden die Tropfen nicht behelligt werden.

Wie viel wird er das Rohr nach vorn senken müssen? Das wird von der Geschwindigkeit der Tropfen und von seiner eignen abhängen. Fallen die Tropfen sehr langsam, so wird eine bedeutende Neigung, fallen sie schnell, oder, was eigentlich dasselbe bedeutet, geht er nur langsam, eine geringe Senkung nötig sein. Das Verhältnis der beiden Geschwindigkeiten der Tropfenbewegung und der Vorwärtsbewegung des Beobachters bedingt also die Größe des Ablenkungswinkels. Oder nehmen wir, um ein etwas weniger harmloses Beispiel zu bilden, nun an, es schieße jemand in einen fahrenden Eisenbahnzug; die Kugel dringe zum einen Fenster hinein und verlasse den Zug durch das gegenüberliegende Fenster. Auch wenn nun senkrecht auf den Zug geschossen worden ist, so wird doch ein mitfahrender Reisender, wenn er die Lage der beiden Schusslöcher untersucht, keineswegs eine gegen die Fahrtrichtung senkrechte Richtung feststellen, weil sich eben der Zug, während die Kugel ihn durcheilte, vorwärtsbewegte. Wiederum wird die Größe der Abweichung von dem Verhältnis der beiden Geschwindigkeiten des Geschosses und des Zuges abhängen.

Machen wir nun die Anwendung: Auch wenn wir unser Fernrohr auf einen Stern richten, bewegen wir uns infolge der Erdbewegung vorwärts, während die Lichtstrahlen das Fernrohr durcheilen; wir werden das Fernrohr im Sinne unserer Bewegung nach vorn neigen müssen, und zwar um so stärker, je schneller unsere Bewegung im Vergleich zur

Lichtgeschwindigkeit ist. In dem einfachsten Fall, der sowohl in den vorigen Beispielen als auch im vorangegangenen Abschnitt angenommen wurde, nämlich dem, dass die eindringende Bewegung der Regentropfen, des Geschosses oder der Lichtstrahlen auf der Richtung des Beobachters senkrecht steht, ergibt sich genau der im vorigen Abschnitt angegebene Winkel von $^1/_3$ Minute oder dem hundertsten Teil des scheinbaren Sonnen- oder Vollmonddurchmessers. Diese dem Astronomen längst wohlvertraute Erscheinung wird als „Aberration" (Abirrung) bezeichnet.

Es ergibt sich nun Gelegenheit zu mancherlei Bemerkungen. Einmal haben wir in diesem Abschnitt die Erklärung der Aberration vom absoluten Standpunkt oder dem des „mechanischen Relativitätsprinzips" aus gegeben, während im vorigen Abschnitt das elektromagnetische Relativitätsprinzip vorausgesetzt wurde. Der wesentliche Unterschied dabei ist, dass sich die Bewegungen der Mechanik nach dem „Parallelogramm der Kräfte" oder eigentlich besser „Parallelogramm der Bewegungen" zusammensetzen, während die elektromagnetische Relativitätstheorie die Zusammensetzbarkeit der Lichtbewegung mit einer mechanischen Bewegung leugnet. Beide Theorien sind jedoch gleich gut imstande, die Tatsache der Aberration zu erklären, und führen übrigens auch quantitativ auf das gleiche Resultat.

Die zweite Bemerkung, die wir zu machen haben, ist die, dass es also außer der bekannten Raumperspektive noch eine Art „Geschwindigkeitsperspektive" gibt. Es ist ja bekannt, dass dieselbe Landschaft verschieden aussieht, je nachdem, von welchem Punkt aus man sie betrachtet. Die Lehre von der Aberration zeigt aber, dass sie auch vom nämlichen Punkt aus betrachtet ganz verschieden aussieht, je nach der Richtung und der Schnelligkeit, mit der der Beobachter den Punkt durcheilte. Die Verschiebung ist um so größer, je größer die Geschwindigkeit des Beobachters ist. Ist diese etwa gleich der des Schalles, so wäre die Aberration mit allen Hilfsmitteln moderner astronomischer Messkunst noch gerade eben wahrnehmbar.

Vom Standpunkt des elektromagnetischen Relativitätsprinzips aus ist es ja nun eigentlich unberechtigte Willkür, den Bewegungszustand eines Beobachters schlechthin als „Ruhe", den eines andern schlechthin als „Bewegung" zu bezeichnen. Wir dürfen eigentlich nur von ihrer relativen Bewegung gegeneinander reden und demnach auch eigentlich nur von einer „relativen" Aberration, nämlich derjenigen Aberration, die der eine Beobachter im Vergleich zum andern hat. Da wir nun aber gar keinen andern Beobachter haben, mit dem wir unsere Sternörter vergleichen könnten, so kann man wohl fragen, warum wir überhaupt von einer Aberration reden, und wie sie festgestellt werden kann. Die Antwort ist, dass die Astronomie allerdings keine Veranlassung hätte, sich mit der Aberration zu befassen, wenn die Bewegung der Erde eine geradlinig-gleichförmige und demnach die Aberration eine stets gleichbleibende Größe wäre. Infolge der Bewegung der Erde um die Sonne aber ändert sich die Richtung der Erde und mit ihr die Richtung und Größe der Aberration, die also in Wirklichkeit auch nur eine „relative Aberration" gegen die der Sonne ist. Ihre Entdeckung war seinerzeit der erste wirklich durchschlagende Beweis für die Richtigkeit des kopernikanischen Systems, der ja, wie uns unser erster Abschnitt zeigte, keineswegs einfach zu führen war. Was nun die Frage der absoluten Aberration anlangt, so kann man hierbei den Fixsternhimmel, weil dieser ja doch eben beobachtet werden soll, unbedenklich als ruhend ansehen. Die absolute Aberration der Sonne wäre also zu berechnen, wenn ihre Bewegung gegen den Fixsternhimmel bekannt wäre. Das ist nur in grobem Umriss der Fall. Außerdem würde sie ja auch den Ort eines jeden Sternes nur um eine ganz feste Größe ändern, was für die allermeisten astronomischen Untersuchungen, da sie ja eben nur relative Bewegungen der Sterne untereinander zum Gegenstand haben, ohne Wert wäre.

Schließlich kann man fragen, ob man denn wenigstens die relative Aberration der Erde gegen die der Sonne, die sich doch eben auf alle Sterne erstreckt, genau messen kann. Denn auch diese Messung setzt ja Richtlinien oder Richtpunkte, die nicht an der Verschiebung teilnehmen, voraus. Diese gibt es nun allerdings! Bei dem oben gegebenen Beispiel des Schusses in den Eisenbahnzug ist leicht zu sehen, dass trotz aller Verschiebung die Horizontalrichtung und daher die Horizontalebene erkennbar bleiben. Der Schuss wird nur dann als horizontal abgegeben erscheinen, wenn er es auch in Wirklichkeit ist. Dem entspricht am Himmel die Ebene der Erdbahn, die sogenannte Ekliptik, die als solche trotz aller Aberration in ihr unverändert bleibt. Ferner ist die

Richtung der Rotationsachse der Erde, der sogenannte Himmelspol, von der fortschreitenden Bewegung der Erde vollständig unabhängig. Diese beiden festgebliebenen Elemente, Ekliptik und Himmelspol, gestatten also die absolute Bestimmung der relativen Aberration der Erde gegen die Sonne.

Nach dieser kleinen und hoffentlich entschuldigten Abschweifung kehren wir zum Thema zurück.

3.4.4 Ein zweites Beispiel

Die Figur stellt einen 300.000 km langen Eisenbahnzug dar, in dessen Mitte sich ein Beobachter M' befindet, der gerade an einem auf dem Bahndamm befindlichen Beobachter M vorbeifährt. Nun schlagen an beiden Enden des Zuges Blitze ein, die weiter kein Unheil anrichten, als dass

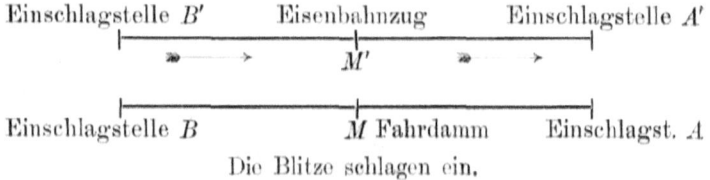

Die Blitze schlagen ein.

sie im Zug einige Fensterscheiben zertrümmern und auf dem Bahndamm einige Furchen hinterlassen, sodass unser Zug ruhig weiterfahren kann. Nach einer halben Sekunde bietet sich uns nun folgendes Bild:

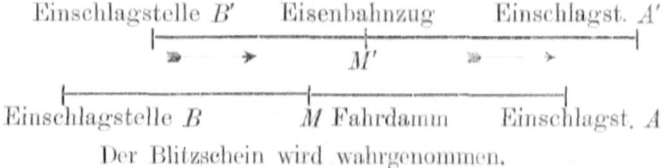

Der Blitzschein wird wahrgenommen.

Wenn M, wie wir annehmen wollen, beide Blitze gleichzeitig wahrnimmt, so ist dies für M' natürlich ausgeschlossen. Denn das von rechts herkommende Licht ist eher, das von links herkommende später in M' als in M; M' sieht also den Blitz A eher als B. An sich besagt dies natürlich noch nichts Auffallendes; denn M' wird auch ein von A kommendes Schallsignal eher wahrnehmen als ein von B ausgehendes, ohne dass dies zu einer Relativierung der Zeitmessung führt. Denn er muss sich sagen, dass er gegen die Luft bewegt ist;

es steht ihm natürlich auch frei, anzunehmen, dass er stillsteht und der Wind an ihm vorbeistreicht; jedenfalls aber muss er eine größere Relativgeschwindigkeit des Schalles von rechts als von links her annehmen und ist nicht berechtigt, aus der ungleichzeitigen Ankunft der Schallsignale auf die Ungleichzeitigkeit ihrer Entstehung zu schließen. Ganz anders der mit optischen Signalen arbeitende Beobachter! Für ihn gibt es eben kein der Luft entsprechendes, einen bestimmten Bewegungszustand einnehmendes System für die Lichtfortpflanzung; er hat vielmehr gewissenhaft seinen Michelson-Versuch angestellt und weiß, dass das Licht sich für ihn nach beiden Richtungen gleich schnell fortpflanzt. Als Ausgangspunkt der Lichtwellen aber wird er sich natürlich an die von ihm durchaus gleich weit entfernten zerbrochenen Fensterscheiben A' und B' halten; denn die ungleiche Entfernung der Bahndammfurchen A und B führt er auf eine Bewegung des Bahndamms zurück, falls er sie überhaupt bemerkt; denn er ist nicht verpflichtet, zum Fenster hinauszusehen. Hieraus aber ergibt sich, dass M' eine durchaus gleiche Zeit für die Fortpflanzungsdauer beider Blitzscheine annehmen muss; er ist somit berechtigt, aus der ungleichzeitigen Ankunft der Lichtsignale auch auf ihre ungleichzeitige Aussendung zu schließen. Zwei Ereignisse, die für M gleichzeitig sind, sind es für M' nicht.

In zahlreichen mir bekannten populären Darstellungen wird dem Leser der Schluss zugeschoben, als sei der Beobachter berechtigt, von der ungleichzeitigen Wahrnehmung der Signale ohne Weiteres auf ihren ungleichzeitigen Abgang zu schließen. Vor solcher Übereilung seien unsere Leser hiermit gewarnt!

3.5 Ergänzungen und Zusammenfassung

Nachdem wir die einsteinsche Relativierung des Raumes and der Zeit kennengelernt haben, ist es nun die höchste Zeit, mit allem Nachdruck darauf hinzuweisen, dass sie keinesfalls getrennt voneinander gedacht werden dürfen. Insofern diese Trennung bisher teils ausdrücklich vorausgesetzt, teils stillschweigend beim Leser geduldet wurde, litt unsere Darstellung an Mängeln, die wir nun nachträglich korrigieren oder doch wenigstens klarstellen wollen. Wir kehren zunächst zu dem wichtigen Bild des abfahrenden Eisenbahnzugs auf S. 30 zurück. Die entscheidende Grundtatsache der ganzen Relativitätstheorie, die zugleich für unsere Anschauung eine so unüberwindliche Schwierigkeit bot, war die folgende: Wird im Augenblick, wo der letzte Wagen des 300.000 km langen Eisenbahnzugs vorbeifährt, an seinem letzten Wagen ein Zeichen gegeben, ganz gleich, ob auf seinem Trittbrett oder dicht daneben auf dem Boden, so stellt sowohl der auf den Trittbrettern des fahrenden Zugs als auch der daneben auf dem Boden messende Beobachter fest, dass das Licht in einer Sekunde 300.000 km zurückgelegt habe. Dabei ist der Zug in dieser Sekunde weitergefahren! Mag man nun diese Behauptung für glaubhaft halten oder nicht, wir betrachten sie als durch Versuch bewiesen. Und wenn das Experiment gesprochen hat, so ist für den Naturforscher, zumal für den Theoretiker — der Experimentator kann ja immerhin noch mal nachprüfen —, die Frage erledigt. Wir versuchten uns nun das Resultat zunächst im Anschluss an Lorentz dadurch klarzumachen, dass wir sagten, der Eisenbahnzug hat sich zusammengezogen. Wenn dies aber der einzige Erklärungsgrund ist, so würde es einfach heißen, dass die Lokomotive des Zuges stehen geblieben sei und sich nur die Wagen nach vorn zusammengedrängt haben. Nur unter dieser Voraussetzung würde der Endpunkt der 300.000 km des Mitfahrenden zugleich der Endpunkt der 300.000 km des Stehengebliebenen sein. Man überzeugt sich aber leicht, dass diese Anschauungsweise ganz unmöglich ist und an inneren Widersprüchen leidet. Denn nehmen wir nun an, dass das Signal gegen die Fahrtrichtung, diesmal etwa von der Lokomotive aus, abgegeben werde und sehen zunächst einmal von jeder Verkürzung ab, so wird der ruhende Beobachter feststellen, dass nach einer Sekunde das Licht nicht etwa nur beim letzten Wagen angelangt ist, sondern sogar schon darüber hinaus, denn der letzte Wagen hat sich innerhalb der Beobachtungssekunde nach vorn geschoben. Wollen wir die Frage nach der bisherigen Methode erledigen, so müssten wir nunmehr sogar Dehnung des Zuges annehmen, derart, dass der letzte Wagen stehen geblieben und nur die Lokomotive nach vorn gefahren ist. Nun liegt der Widerspruch auf der Hand: Wenn der Zug abfährt, kann man doch nicht wissen, ob das Signal in seiner Fahrtrichtung oder gegen sie abgegeben wird. Ja, es hindert uns sogar niemand, anzunehmen, dass gleichzeitig Lichtblitze in beiden entgegengesetzten Richtungen erfolgen, und unser Zug würde, wenn er sprechen könnte, zu uns sagen: Ich würde euch ja herzlich gern den Gefallen tun und meine Gestalt verändern und verzerren, soviel ihr wollt; aber Dehnung und Kürzung in derselben Sekunde, das ist zu viel verlangt!

Das Problem ist eben auf rein geometrischem Wege nicht lösbar! Es wird dies erst mit Zuhilfenahme der Zeitbetrachtung. Wir lassen das Signal wieder wie zuerst von hinten nach vorn gehen. Wir nehmen eine viel geringere[3] Verkürzung wie eben an, sodass also auch die Lokomotive weitergefahren ist. Sie ist nun natürlich von der Abfahrtsstelle weiter als 300.000 km entfernt, und der Widerspruch, dass trotzdem, wie der fahrende Beobachter feststellt, das Licht bis zu ihr vorgedrungen sei, scheint schlimmer denn je! Aber nun nehmen wir an, dass die Uhr des fahrenden Beobachters, die am Anfang der Beobachtungssekunde mit der des ruhenden übereinstimmte, im Laufe dieser Zeitspanne zurückgeblieben sei, also nunmehr nachgehe. Dann wird natürlich der stehengebliebene Beobachter dem fahrenden zurufen: lieber Freund! Du misst und misst und merkst gar nicht, dass die verabredete Sekunde längst verflossen ist! Meine Uhr ist abgelaufen! Ich will dir ja an sich natürlich gerne glauben, dass das Licht bis zu deiner Lokomotive vorgedrungen sei, aber mache mir nicht weis, dass das im Verlauf einer Sekunde geschehen ist.

Entsprechend liegt die Sache bei unserem im Kapitel 'Licht, Äther und Anschaulichkeit', S. 38ff, gebrauchten Bild der konzentrisch fortschreitenden Raumwellen des Lichtes. Jeder Beobachter sieht doch, wie nach und nach jeder Punkt des Raumes beleuchtet wird. Wartet er nur genügend lange, so hat für ihn ein jeder Punkt des ganzen unendlichen Universums sein Teil Licht abbekommen. Spricht er davon, dass das Licht sich kugelförmig ausbreite, so meint er natürlich, dass gleichzeitig die Punkte einer Kugeloberfläche von der Lichtbewegung erfasst seien. Aber eben der Begriff der Gleichzeitigkeit ist doch, wie der vorige Abschnitt zeigte, kein absoluter, sondern verschieden für die verschiedenen Beobachter. Was dem einen von ihnen als gleichzeitig erscheint, braucht es für den andern noch nicht zu sein.

---

[3] Aus der Betrachtungsweise des Kapitels 'Die lorentzsche Deutung', S. 28ff, würde sich z. B. eine Verkürzung des Erddurchmessers von über 1 km ergeben, während sie nach der richtigen Theorie nur 6,5 cm beträgt.

Würde also der eine unserer Beobachter, um seinen Kollegen zu überführen, etwa versuchen, zu einer ganz bestimmten Zeit die Lichtbewegung, um in aller Ruhe messen zu können, anzuhalten, und dann zu jenem sagen: Nun siehst du doch wohl, dass das Licht eine Kugel um mich als Mittelpunkt beschrieben hat, so würde dieser vermutlich kalt lächelnd erwidern: Lieber Freund! Dass das Licht an den von dir markierten Punkten angelangt ist, das bezweifle ich keineswegs, aber eben nicht gleichzeitig! Meiner Meinung nach war es in dieser Gegend der von dir abgesteckten Kugel eher als in jener! Und was deinen Zollstock betrifft, darüber habe ich nach wie vor meine eigne Meinung!

Wenn wir die Zerrungen des Raumes und der Zeit getrennt voneinander betrachtet haben, so geschah dies nur der leichteren Verständigung wegen. Tatsächlich sind sie nicht unabhängig voneinander, sondern im Gegenteil aufs Engste gegenseitig bedingt. Nehmen wir, um dies einzusehen, einmal an, es sei vorläufig nur die Relativierung der Raummessung zugestanden. Nun sehen wir einfach nach unserer Armbanduhr, die wir uns freilich so weit entfernt vorstellen, dass wir die abgelesene Zeit nicht ohne Weiteres als die richtige annehmen dürfen, vielmehr zu ihr noch die Zeit addieren müssen, die das Licht vom Zifferblatt bis in unser Auge gebraucht hat. Die Größe dieser Korrektur wird sich natürlich nach der Entfernung der Uhr richten, und für zwei Beobachter, die eben diese Entfernung verschieden abschätzen, auch verschieden ausfallen. Wir sehen also: **Aus der Relativierung der Raumgrößen folgt notwendig die relative Auffassung der Zeitmessung.**

Nun umgekehrt! Man habe uns zwar die relative Auffassung der Zeit zugegeben, aber noch nicht die des Raumes. Wir erinnern uns nun, wie auf S. 34 die Länge des fahrenden Zuges gemessen wurde dadurch, dass zur genau gleichen Zeit Anfang und Ende durch Kreidestriche auf dem Bahndamm bestimmt wurden. Entstehen nun Meinungsverschiedenheiten darüber, was als gleichzeitig zu betrachten ist, so werden, wegen der ständigen Weiterbewegung des Zuges, die Kreidestriche auf verschiedenen Punkten des Bahndamms erfolgen und eine verschiedene Längenangabe wird die Folge sein. Ergebnis: **Aus der Relativierung der Zeitgrößen folgt notwendig die relative Auffassung der Raummessung.** Diese Verquickung der Änderung des

Raum- mit der des Zeitmaßes bietet ohne Frage eine wesentliche Schwierigkeit beim Verständnis der Relativitätstheorie.

Die allererste Aufgabe der Relativitätstheorie ist es, allgemein die Beziehungen anzugeben, die zwischen den Raum- und Zeitmaßen irgend zweier relativ geradlinig-gleichförmig gegeneinander bewegter Systeme bestehen. Solche Beziehungen, sogenannte „Transformationsgleichungen", abzuleiten, war bereits Lorentz gelungen. Einstein gelang es, diese Formeln auf theoretisch-deduktivem Wege allein aus zwei Voraussetzungen heraus abzuleiten:

1. Der Konstanz der Lichtgeschwindigkeit für alle Beobachter. Sie gilt als durch die Erfahrung hinreichend gesichert.
2. Der Relativität aller geradlinig-gleichförmigen Bewegungen.

Alle in dieser Weise gegeneinander bewegten Systeme gelten als völlig gleichberechtigt. Es ist unmöglich, etwa zu entscheiden, welches von ihnen das „ruhende" ist. Alle Naturgesetze nehmen sich von jedem von ihnen betrachtet völlig gleichartig aus. Insbesondere muss der Übergang, eben die Transformationsgleichungen, vom ersten System ins zweite genau so sein wie vom zweiten System ins erste.

Die rein rechnerischen mathematischen Schwierigkeiten sind nun keineswegs so bedeutend, wie sie auf den ersten Blick wohl scheinen möchten, wenigstens was die allerersten hier skizzierten Grundlagen der Theorie anlangt. Sie kommen erst durch den immer aufs Neue entbrennenden Kampf zwischen dem „Anschaulichkeit" verlangenden Geist und der auf unanschauliche Tatsachen und noch abstraktere Rechnung gegründeten Theorie, die diese Anschaulichkeit als unmöglich zurückweist.

Schließlich behandeln wir noch eine Frage, die immer bei solchen Erörterungen auftaucht, und die sich auch der Leser schon gestellt haben wird: Kann sich ein System mit Lichtgeschwindigkeit oder gar noch größerer Geschwindigkeit bewegen? Die Antwort darauf ist nicht schwer. Nehmen wir an, unser Zug bewege sich mit größerer als Lichtgeschwindigkeit, so müsste jetzt natürlich ein am Schlusswagen abgegebenes Lichtsignal sich für den mitbewegten Beobachter auf dem Zug verbreiten, für den ruhenden jedoch immer hinter dem Zug zurückbleiben, und zwar, um so mehr, je weiter der Zug fährt. Dieser Widerspruch ist mit keinerlei Mitteln heilbar, es bleibt nur noch der eine Schluss übrig, dass es solche Geschwindigkeiten nicht geben kann.

Kein Körper kann sich schneller oder auch nur ebenso schnell wie das Licht bewegen.

Die Geschwindigkeiten der Himmelskörper betragen gewöhnlich 10 — 30 km in der Sekunde, doch kommen ausnahmsweise auch solche von mehreren Hundert Kilometern vor. Sie erreichen also kaum $^1/_{1000}$ der Lichtgeschwindigkeit. Viel schneller bewegen sich die Teilchen der Kathodenstrahlen, und noch schneller die ß-Strahlen des Radiums, die bis zu etwa 99 % der Lichtgeschwindigkeit erreichen. Diese selbst verhält sich etwa wie der absolute Nullpunkt der Temperatur, sie wird nie erreicht, so sehr man sich ihr zu nähern scheint. Sollte wirklich einmal eine größere als Lichtgeschwindigkeit festgestellt werden, so würde dies ohne Frage einen Umsturz unserer ganzen theoretischen Physik zur Folge haben. Doch ist hierzu zu bemerken, dass solche Geschwindigkeiten ja nicht unmittelbar beobachtet, sondern aus der Theorie erschlossen sind. Man würde sich also zweifellos eher entschließen, irgendeinen andern Punkt der Theorie zu ändern, solange dies irgend möglich wäre, um der angedeuteten Folgerung auszuweichen. Von hier aus kommen wir auch leicht zu einer andern Folgerung unserer Lehre. Die Unmöglichkeit, die Lichtgeschwindigkeit zu erreichen, kann sich nicht sozusagen plötzlich herausstellen. Man sieht leicht, dass es nicht so sein kann, dass ein Körper ebenso leicht, wie es nach der bisherigen Mechanik der Fall sein müsste, 99 % der Lichtgeschwindigkeit erreichen kann und die Unmöglichkeit sich erst beim letzten Prozent herausstellt. Ein vermehrter Widerstand muss sich also von Anfang an bemerkbar machen. Den Widerstand, den ein **Körper der Vermehrung seiner Geschwindigkeit entgegensetzt, nennen wir seine Masse**, und wir sehen:

Die Masse eines Körpers, die man bisher als absolute Konstante betrachtete, wächst mit seiner Geschwindigkeit.

Bei den gewöhnlichen, im Vergleich zum Licht ja außerordentlich langsamen Bewegungen merkt man dies freilich nicht. Für die schnellen Elektronenbewegungen aber, wie wir sie in den Kathoden- und ß-Radiumstrahlen kennen, ist dieser Satz aufs Beste bestätigt.

3.6 Die vierdimensionale „Veranschaulichung" Minkowskis[4]

In gewisser Art ist eine Veranschaulichung, deren Möglichkeit wir schon mehrfach leugneten, dem leider zu früh verstorbenen Göttinger Mathematiker Minkowski in seinem 1908 zu Köln gehaltenen Vortrag doch gelungen, der, wiewohl er rein physikalisch über Einstein nicht hinausging, wegen seiner ganz außerordentlichen mathematischen Schönheit zu den klassischen Schriften der Relativitätstheorie gezählt wird und seinerzeit die Relativitätstheorie unter den Mathematikern erst populär gemacht hat.

Minkowski versuchte eine Darstellung im vierdimensionalen Raum. Dieser erscheint ja nun freilich dem Nichtmathematiker als der Gipfelpunkt abstrakter Verstiegenheit. Indessen hat es damit folgende ziemlich einfache Bewandtnis. Eine gerade Linie ist für den Mathematiker eine Gelegenheit, an jeden ihrer Punkte eine Zahl anzuschreiben, in der Art etwa, wie wir dies von einem Metermaßstab, einer Barometer- oder Thermometerröhre oder so viel ähnlichen Gelegenheiten gewöhnt sind. Ebenso bedeutet ihm eine Ebene die Möglichkeit, zwei Zahlen, die er sich etwa auf zwei aufeinander senkrecht stehenden Linien, sog. „Achsen", aufgetragen denkt, in jeder beliebigen Weise zu gruppieren. Jeder Punkt der Ebene entspricht einem Zahlenpaar, nämlich den Abständen des Punktes von den beiden Achsen; der Raum schließlich gibt ihm die Möglichkeit, die Zusammennahme je dreier Zahlen, etwa von Länge, Breite und Höhe, durch einen einzigen Punkt zu veranschaulichen. Wird nun in dieser Weise fortgefahren und je vier Zahlen zueinander gruppiert, so fehlt hierfür freilich die geometrische räumliche Veranschaulichung. Aber nun kann umgekehrt die Zusammenstellung der Zahlen, die weiterhin genau so erfolgt wie in der Geraden, Ebene und dem gewöhnlichen Raum, ein Bild für den vierdimensionalen Raum abgeben, bei dem man eben nur stets vier Zahlen gruppiert

---

[4] Dieses Kapitel, der dem mathematisch nicht vorgebildeten Leser einige Schwierigkeiten machen wird, ist für das Folgende nicht unbedingt notwendig; dasselbe gilt auch von Kapitel 4.7

statt der einen, zwei oder drei Zahlen in den niederen Gebilden. Dort hilft die Raumanschauung dem Zahlengebilde nach, hier gibt umgekehrt das Zahlengebilde die Stütze ab für die sonst fehlende Raumanschauung.

Innerhalb dieses vierdimensionalen Zahlengebildes, das der Mathematiker als „vierdimensionalen Raum" anspricht, das freilich dem Nichtmathematiker selbst wieder reichlich abstrakt und unanschaulich vorkommt, gelang es nun Minkowski, die bisher schmerzlich vermisste volle Anschaulichkeit zu erreichen. Insbesondere trat die enge Zusammengehörigkeit zwischen Raum- und Zeitgrößen, die hervorzuheben auch wir uns bemüht haben, ganz besonders plastisch hervor. Die Zeit erscheint bei ihm als Achse, gleichartig den Raumachsen, sodass ihr von vornherein jede Besonderheit genommen ist. Von einem Raumpunkt an sich und ebenso von einem Zeitpunkt an sich zu reden, hat nur innerhalb eines gegebenen Systems, also nicht ohne Weiteres, einen bestimmten Sinn. Unmittelbar gegeben sind ja weder Raumpunkte noch Zeitpunkte, sondern Ereignisse, die zu ihrer Bestimmung die Angabe sowohl des Raumes als auch der Zeit benötigen. Machen wir uns das Weitere an einem Beispiel klar!

Ich nehme in jede Hand einen Federhalter und mache damit auf zwei Stücke Papier, die etwa 1 m weit voneinander entfernt liegen, fast gleichzeitig einen kleinen Klecks. Nach der alten Anschauung würde man nun natürlich sagen: Sind diese beiden Ereignisse nicht haarscharf gleichzeitig, so sind sie eben zeitlich und räumlich getrennt. Wir können die Sache aber auch anders ansehen! Nehmen wir an, ich habe den einen Klecks $^1/_{100}$ Sekunde früher gemacht als den andern! „Räumlich" getrennt sind die beiden Ereignisse freilich, solange ich das System des Tisches als ruhend annehme, was hier natürlich in der Tat sehr naheliegt. Es hindert mich aber niemand, ein System von solcher Relativgeschwindigkeit gegen den Tisch anzunehmen, dass sich in der zwischen beiden Klecksen verfließenden Zeit ein Punkt gerade von dem einen Klecks zum andern hinbewegt hat, und in diesem System sind die Kleckse natürlich an demselben Ort, hingegen zu verschiedener Zeit erfolgt. Nehmen wir an, auf einem vorüberziehenden schmalen Streifen Papier, wie er früher etwa bei einem Morsegerät benutzt wurde, habe ein kleiner Beobachter gestanden; der würde natürlich berichten: Ich blieb ruhig auf meinem Platz stehen, aber kurz hintereinander flog mir zweimal die Tinte um die Ohren. Dass sie auf verschiedene Teile des Schreibtischs niederfiel, lag natürlich daran, dass dieser sich mit großer Geschwindigkeit unter mir wegbewegte! Für diesen Beobachter wären also die Ereignisse nur durch die Zeit, nicht durch den Raum getrennt. Dieser Fall ist nun nicht der einzig mögliche. Nehmen wir an, die beiden durch 1 m voneinander getrennten Ereignisse hätten so kurz nacheinander stattgefunden, dass zwischen ihnen nur der billionste Teil einer Sekunde verstrichen wäre. Jetzt kann man kein System angeben, das sich in so kurzer Zeit von dem einen Punkt zu dem andern bewegt haben könnte, weil dazu größere als Lichtgeschwindigkeit erforderlich wäre, mit der sich kein System bewegen kann. Wohl aber kann man jetzt, was wir hier natürlich nicht beweisen können, ein System angeben, in dem die beiden Ereignisse genau gleichzeitig erfolgen, also nur räumlich voneinander getrennt sind. Minkowski würde sagen: Diese beiden Ereignisse sind durch eine „raumartige" Entfernung voneinander getrennt, während er die beiden ersten Ereignisse durch eine „zeitartige" Entfernung voneinander getrennt nennt. Es ist leicht zu sehen, dass der Vorgang der Lichtausbreitung die Grenze zwischen „raumartigen" und „zeitartigen" Entfernungen bildet.

Dass wir es im gewöhnlichen Leben für zweckmäßig halten, von räumlicher und zeitlicher Entfernung zweier Ereignisse zu sprechen, das könnte man etwa damit vergleichen, dass es, wenn die Straßenzüge gerade so angelegt sind, auch sehr praktisch sein kann, erst nach Süden und dann nach Osten zu gehen, statt auf dem nächsten Wege nach Südosten.

Alle diese und noch eine große Menge anderer Beziehungen treten an dem vierdimensionalen Modell Minkowskis in unmittelbarer Anschaulichkeit hervor. Sie veranlassten ihn zu dem berühmten Ausspruch: Von stund' an sollen Raum für sich und Zeit für sich völlig zu Schatten herabsinken, und nur noch eine Art Union der beiden soll Selbstständigkeit bewahren.

So treffend dieser Ausspruch auch ist, so hat doch Moritz Schlick, wie mir scheint, ebenso treffend hinzugefügt, dass aufgrund der weiter unten zu besprechenden allgemeinen Relativitätstheorie auch diese Union noch zum Schatten, zur Abstraktion geworden ist, und dass nur die Einheit von

Raum, Zeit und Dingen zusammen eine selbstständige Wirklichkeit besitzt. Denn im Gegensatz zur speziellen wird es das Wesen der allgemeinen Relativitätstheorie sein, dass man nicht einmal solch ganz allgemeines Schema wie das Minkowskische aufstellen kann, ehe man die Dinge, die Ereignisse kennt, die damit beschrieben werden sollen.

Eine, wie mir scheint, vortreffliche Veranschaulichung der Minkowskischen Darstellung bietet auch folgende Überlegung, die ich einer freundlichen Mitteilung von Herrn Prof. Böhmer (Dresden) verdanke: Durch eine fotografische Aufnahme wird ein Teil der dreidimensionalen Welt auf eine ebene Fläche abgebildet. Nach Art eines Films denken wir uns nun irgendwelche Bewegungsvorgänge durch eine große Zahl schnell folgender Aufnahmen auf die Platte gebracht. Die entstandenen zahlreichen Bilder werden dann wie die Blätter eines Buches aufeinandergelegt, sodass ein rechteckiger Block entsteht. Die Schichtung sei so genau vorgenommen, dass derselbe Raumpunkt in allen Abbildungen ganz genau hintereinander zu liegen kommt. Durch diesen unseren Filmblock machen wir nun mehrere verschiedenartige Schnitte; erfolgt ein solcher Schnitt genau in der Ebene eines der den Block bildenden Blätter, so sehen wir vor uns ein Bild des Raumes, wie er sich zu einer ganz bestimmten Zeit uns darbot. Schneiden wir hingegen genau senkrecht zu dieser Ebene alle hintereinanderliegenden Blätter durch, so liefert uns die nun entstandene Schnittfläche sozusagen die Geschichte einer Raumlinie; denn die nacheinander durchschnittenen Filmblätter zeigen uns, wie unsere Linie zu den verschiedenen Aufnahmezeiten ausgesehen hat, die ganze Schnittfläche also, wie sie sich allmählich veränderte. Wir können uns nun davon überzeugen, dass beide auf den ersten Blick so verschiedene Schnittarten nicht absolut verschieden sind, sondern ineinander übergehen. Denn wie wird ein Beobachter schneiden müssen, der relativ zum aufnehmenden Beobachter bewegt ist, und der nun seinerseits die Geschichte einer Raumlinie verfolgen will? Da er sich bewegt, verschiebt sich, ihm unbewusst, die von ihm betrachtete Linie mit, vielmehr identifiziert er im Laufe der Zeit andere Linien mit der zuerst betrachteten als der ruhende Beobachter; und da wir die Bewegung des zweiten Beobachters als geradlinig-gleichförmig annehmen, so sehen wir leicht, dass wir nun in einer Ebene schneiden müssen, die nicht senkrecht zu den Filmblättern steht und deren Winkel sich von einem rechten um so mehr unterscheiden wird, je schneller der zweite Beobachter gegen den ersten bewegt war. Aber auch die gleichzeitige Lage der Welt darstellenden Bilder sind für den bewegten Beobachter andere als für den ruhenden. Denn wie im Kapitel 3.4 von der Relativierung der Zeit ausführlich gezeigt worden ist, empfindet er nicht die Ereignisse als gleichzeitig, die der ruhende Beobachter als solche bezeichnet, und es ist leicht zu sehen, dass die Zeitdifferenz um so mehr anwachsen wird, je weiter entfernt die zu vergleichenden Ereignisse von dem Beobachter liegen. So musste in unserem obigen Beispiel Seite 49 eine Entfernung von 6 Lichtjahren angenommen werden, um 1 Sekunde Zeitdifferenz zu erhalten. Bei einer Entfernung von 12 Lichtjahren würden sich also 2 Sekunden Zeitdifferenz ergeben, bei 18 Lichtjahren 3 Sekunden usw. Folgen etwa 10 Filmaufnahmen in der Sekunde, so muss, um ein gleichzeitiges Bild der Welt zu erhalten, so schräg geschnitten werden, dass für je 6 Lichtjahre seitlicher Verschiebung 10 Filmblätter durchschnitten werden. Man sieht leicht, dass der Gleichzeitigkeitsschnitt um so schräger, d. h. in umso größerem Winkel gegen die Richtung der Filmblätter geführt werden muss, je schneller die Relativbewegung des Beobachters ist. Auf diese Weise sieht man, dass die ursprünglich als gänzlich verschiedenartig empfundenen Schnitte parallel zu den Filmaufnahmen und senkrecht zu ihnen, von denen die erstere Art die gleichzeitige Lage der Welt, die zweite die Geschichte einer Raumlinie darstellt, stetig ineinander übergehen. Eine Grenze für die Schrägheit beider Arten von Schnitten bildet wieder die Lichtgeschwindigkeit, die der bewegte Beobachter nicht erreichen oder gar überschreiten kann. Wir können hier nicht näher ausführen, wie durch dieses glücklich gewählte Modell alle wesentlichen Eigenschaften der minkowskischen Relativitätsgeometrie veranschaulicht werden können. Es ist kaum nötig hinzuzufügen, dass Minkowski nun nicht die Welt fotografieren und dadurch ihre drei Dimensionen auf zweidimensionale Bilder projizieren will, sondern sich die dreidimensionalen Welten selbst aneinandergefügt denkt, was natürlich nur in einer vierten Dimension möglich ist. Das Modell zeigt eben, wie durch das Hintereinanderfügen der zweidimensionalen Aufnahmen ein dreidimensionaler Block entsteht, also eine neue Dimension, nämlich die die Zeit darstellende, hinzukommt, und diese Dimension weist gegenüber den übrigen keine grundsätzliche Verschiedenheit auf[5].

Überblickt man die ganze Vorstellungswelt Minkowskis, so wird man ganz unwillkürlich an das Wort erinnert, das Richard Wagner den Gurnemanz zum jugendlichen Parsifal sprechen lässt: Du siehst, mein Sohn, zum Raum wird hier die Zeit.

3.7 Philosophisches Schlusswort zur „speziellen Relativitätstheorie"

Die sogenannte „spezielle Relativitätstheorie", die wir in grobem Umriss skizziert haben, hat in der gesamten wissenschaftlichen Welt und sogar noch darüber hinaus allenthalben das größte Aufsehen erregt, weil sie an den Grundlagen unserer Raum- und Zeitauffassung rüttelt. Niemand hatte bisher daran gedacht, dass einer Angabe wie dieser: Diese auf einem völlig starren Stab angebrachte Strecke ist 10 cm lang, eine andere, als eine absolute Bedeutung zukommen könne. Ihre Richtigkeit oder Nichtrichtigkeit etwa abhängig zu denken von irgendwelchen Umständen, beispielsweise dem Bewegungszustand dessen, der das Urteil abgibt, war niemand in den Sinn gekommen. Ebenso wenig hat es jemand für möglich gehalten, dass die Frage, ob zwei Ereignisse gleichzeitig stattfinden, von zwei Beobachtern verschieden beantwortet werden könnte oder dass sogar die Reihenfolge zweier Ereignisse von ihnen in umgekehrter Weise angesetzt werden könnte. Die Gründe, die die Relativitätstheorie zu ihrem geradezu revolutionären Vorgehen veranlasste, sind wiederholt hervorgehoben. Die drei Grundsätze:

1. Die absolute Konstanz der Lichtgeschwindigkeit für jeden Beobachter, ...

2. die Relativität aller geradlinig-gleichförmig gegeneinander bewegten Systeme, ...

3. die Konstanz unserer Raum- und Zeitmaße für alle Systeme.

---

[5] Eine besonders ergötzliche Darstellung' der Zeit als vierter Raumkoordinate findet sich in den „Kleinen Schriften" von Dr. Mises (Gustav Theodor Fechner), Leipzig 1875, Breitkopf & Härtel.

Diese Grundsätze sind miteinander unvereinbar, sie führen zu mathematischen Widersprüchen, die schlechthin unerträglich sind. Da man die beiden ersten Grundsätze vor allem aus Gründen der experimentellen Erfahrung, daneben aber auch aus Gründen ursprünglicher philosophischer Überzeugung nicht aufgeben konnte, so blieb nur übrig, auf den dritten zu verzichten, für den sich Gründe von gleicher Wucht jedenfalls nicht geltend machen ließen.

Es ist jedoch darauf hinzuweisen, dass die Relativierung der Zeit- und der Raummessung mit der Relativierung des Raum- und Zeitbegriffs noch nicht ohne Weiteres gleichbedeutend ist. Für den Physiker sind Raum und Zeit Hilfsgrößen, die er braucht wie andere, um die Erscheinungen zu beschreiben. Ob sie weiter nichts sind, darüber hat nicht er in erster Linie zu entscheiden. Wenn Mephistopheles sagt:

> *Daran erkenn' ich den gelehrten Herrn!*
> *Was ihr nicht tastet, steht euch meilenfern!*
> *Was ihr nicht fasst, das fehlt euch ganz und gar!*
> *Was ihr nicht rechnet, glaubt ihr, sei nicht wahr!*
> *Was ihr nicht wägt, hat für euch kein Gewicht;*
> *was ihr nicht münzt, das, meint ihr, gelte nicht, ...*

... so wird der Physiker diese Worte, abgesehen von dem in ihnen liegenden Spott, der wohl nicht nur der Meinung Mephistopheles', sondern auch der Goethes entsprach, und abgesehen von dem „Münzen", das nie seine Sache war, als durchaus berechtigt und für seine Auffassung kennzeichnend anerkennen müssen. Dasselbe drückt Planck, einer unserer ersten Physiker, einmal positiv aus: **Was ich messen kann, das existiert auch.** In der Tat bedeutet für den Physiker das „Gewicht" lediglich die Zahl, die er an der Waage abliest, die Temperatur die Zahl, die das Thermometer anzeigt, die elektrische Stromstärke die vom Amperemeter gelieferte. Und in ganz gleicher Weise ist für ihn der Raum ausschließlich die Möglichkeit, den Metermaßstab anzulegen, die Zeit das Gehäuse für seine Uhr und weiter nichts. Die hinter diesen Begriffen stehenden Anschauungen haben für ihn, wie schon S. 36 ff. erwähnt, durchaus nur heuristischen und didaktischen Wert. Die Erfolge der Physik und der von ihr abhängigen Technik, die die jeder andern menschlichen Tätigkeit weit in Schatten stellen, haben die Richtigkeit dieser Prinzipien für die Physik überzeugend erwiesen.

Aber was für Begriffe wie Gewicht, Temperatur und Stromstärke, die eben ausschließlich physikalische Begriffe sind, bereitwillig zugestanden werden wird, gilt noch nicht ohne Weiteres für allgemeine Begriffe wie Raum und Zeit, die nicht Spezialeigentum der Physiker sind. Die Frage, ob man nicht berechtigt sei, neben dem empirischen Raum der Physiker den alten absoluten Raum, etwa für die Zwecke mathematischer und philosophischer Spekulation, aufrechtzuerhalten, wird sich jedenfalls aufwerfen lassen. Freilich wäre dann doch sein Hauptwert, nämlich der, die Grundlage abzugeben nicht nur für die Spekulation und die innere Anschauung, sondern auch für jede empirische Forschung, unwiederbringlich dahin. Und damit kommen wir zum letzten Punkt:

Das Verhältnis empirischer Forschung und philosophischer Weltanschauung ist nicht wechselseitig dasselbe. Zwar ziemt es der empirischen Wissenschaft, in Fühlung mit der Philosophie zu bleiben, von dorther Anregung und Zusammenhang mit andern Bestrebungen zu empfangen. So ist auch beispielsweise von Mach das Relativitätsprinzip aus philosophischer Überzeugung heraus schon vor Einstein gefordert worden. Aber Ziel und Grundrichtung ihrer Forschung kann jede Wissenschaft nur aus ihren eignen Gesetzen heraus empfangen und nur durch ihre Erfolge begründen. Umgekehrt wird die Philosophie aber an den Resultaten der Einzelwissenschaft nicht vorübergehen können. Sind diese groß und bedeutend genug, so wird eine gesunde Philosophie sie in sich aufnehmen, wenn auch vielleicht nach eigentümlicher Ummodelung und Umschmelzung, und zwar auch selbst dann, wenn sie noch nicht durch die Gründe absolut bindender Logik dazu gezwungen wird. Wenn also die Relativitätstheorie, ein neueres und anscheinend dauerndes Fundament für die Physik abgibt, so können auch unsere philosophischen Anschauungen von Raum und Zeit davon nicht unbeeinflusst bleiben.

4 Vom allgemeinen Relativitätsprinzip

Im Jahre 1908 sagte Max Planck in der Columbia-Universität zu New York, dass das Relativitätsprinzip an Kühnheit alles übertreffe, was bisher in der spekulativen Naturforschung, ja in der philosophischen Erkenntnistheorie geleistet wurde; die nichteuklidische Geometrie sei Kinderspiel dagegen. Aber sehr bald, nachdem dies stolze Wort gefallen ist, und zwar vonseiten eines Physikers, der vermöge seiner ganz unbestrittenen Autorität dazu wohl die größte Kompetenz hatte, da schritt bereits Einstein zur Ausarbeitung seiner allgemeinen Relativitätstheorie, die an Kühnheit des Gedankens die bisher behandelte Relativitätstheorie um ebenso viel hinter sich ließ, wie diese die bisherige Physik.

Die bisher behandelte „spezielle Relativitätstheorie" war ohne Zweifel ein Bau, der durch seine logische Geschlossenheit und durch die Kühnheit des Gedankens imponierte; sie hatte auch durch ihre andersartige Auffassung der elementarsten Grundbegriffe, der von Raum und Zeit, bereits einen großen Einfluss auf die verschiedensten Gebiete gewonnen, aber die Möglichkeit der experimentellen Entscheidung zwischen ihr und der lorentzschen Theorie wurde vergeblich gesucht. Sie ergab sich erst durch die allgemeine Relativitätstheorie, die sich uns als ganz natürliche Erweiterung der bisher behandelten Lehre darstellen wird. Zu ihr konnten, wie ohne Weiteres klar werden wird, nur die grundsätzlich relativistischen Anschauungen Einsteins, niemals die absolutistischen von Lorentz mit ihren ad hoc ersonnenen Hypothesen hinführen. Eine Bestätigung der allgemeinen Theorie durch das Experiment kann daher auch als eine Entscheidung für Einstein und gegen Lorentz aufgefasst werden.

Um zu verstehen, um was es sich bei ihr handelt, müssen wir uns unserer einleitenden Ausführungen erinnern. Wir sprachen dort von einem kinematischen Relativitätsprinzip, dem zufolge bei Beschränkung auf bloß geometrische Betrachtungen alle Bewegungen nur „relativ", d. h. durch Bezug auf andere, an der Bewegung nicht teilnehmende Körper wahrnehmbar und verständlich seien. Demgegenüber behaupten die physikalischen Relativitätstheorien, und zwar sowohl die mechanische, Galileische als auch die elektromagnetische, Einsteinsche, die Relativität ausschließlich der geradlinig-gleichförmigen Bewegungen. Hingegen ist die absolute Natur aller nicht geradlinigen oder nicht gleichförmigen Bewegungen bisher nicht angetastet worden. Wir machen uns das Weitere an einem Beispiel klar.

4.1 Die Rotation der Erde

Für die allermeisten Betrachtungen kann die Bewegung der Erde, und zwar sowohl die fortschreitende als auch die rotierende, als geradlinig-gleichförmig angenommen werden. Denn die Krümmung ist so gering, dass sie sich für kürzere Zeiten nicht bemerkbar macht. Dies ist ja auch der Grund, aus dem wir im täglichen Leben von der Drehung der Erde nichts merken, worauf ja auch schon, wie oben S. 6 erwähnt, insbesondere Galilei mit allem Nachdruck aufmerksam machte.

Nun bleiben aber doch ganz erhebliche Wirkungen übrig, die nur durch die Abweichung der Erdbewegung von der geradlinigen Bahn erklärbar sind. Wir fassen sie unter dem Namen der Zentrifugalkräfte zusammen. Jeder hat schon gesehen, wie sich anhaftende Erdteilchen von einem rotierenden Bad loslösten und nach außen flogen. Ebenso hat jeder schon den Zug in der Hand verspürt, wenn er einen Gegenstand im Kreis herumführte. Derselben Wirkung unterliegen nun auch alle Körper auf der Erde. Freilich werden sie infolge der Schwerkraft nicht einfach weggeschleudert, wohl aber wird die Schwerkraft verringert, und zwar keineswegs für alle Gegenden der Erde gleich stark, sondern am meisten am Äquator, wo ja die Geschwindigkeit infolge der Rotation am größten ist, gar nicht am Pol, wo sie ja überhaupt nicht stattfindet. Diese Verschiedenheit der Schwere auf der Erde, die allerdings außer dem eben angegebenen wichtigsten Grund auch noch andere hat, lässt sich leicht nachweisen. Beispielsweise gehen ihretwegen Pendeluhren am Äquator langsamer als in größeren nördlichen oder südlichen Breiten, während Federuhren hiervon natürlich ganz unbeeinflusst bleiben.

Von der Ablenkung einer jeden hinreichend großen nordsüdlichen oder südnördlichen Bewegung aus ihrer Bahn war auch schon oben gesprochen worden. Die gewaltigste

Wirkung der Erdrotation aber ist die Abplattung der Erde. Da die Oberfläche unseres Planeten zum großen Teil aus Wasser besteht, das den Zentrifugalkräften nachgeben kann, so läuft dies Wasser nach dem Äquator und weicht von den Polen zurück. Wäre es möglich, die Rotation der Erde aufzuhalten, so würden ungeheure Mengen Wasser nach den Polen hinströmen, weite Teile der tropischen Meere würden ausgetrocknet, hingegen die Polarzonen überschwemmt werden, ja auch ein großer Teil der gemäßigten Zonen im Wasser versinken. Man hat ausgerechnet, dass von den ganzen Alpen nur einige höchste Spitzen, wie etwa der Montblanc als Inselhügel von 950 m, die Jungfrau als winzige, 40 m hohe Felsklippe im riesigen Meer übrig blieben. Hier wären die nördlichsten Spuren Europas[6].

Also an Wirkungen der Erdrotation fehlt es keineswegs. Es handelt sich nur um ihre Deutung. Nach der alten, vor allem auf Galilei, Newton und Huygens beruhenden Mechanik, die auch von der speziellen Relativitätstheorie in diesem Punkt nicht erschüttert wurde, ist anzunehmen, dass alle diese Wirkungen durch die Drehung der Erde „an sich", d. h. ohne Rücksicht auf Bezugskörper, hervorgebracht seien. Diese Physik musste also annehmen, dass, wenn sämtliche Himmelskörper verschwänden und die Erde allein im verödeten Weltenraum zurückbliebe, jene Wirkungen trotzdem bestehen blieben. Dies ist nun der Punkt, an dem Einstein Anstoß nahm. Er sagte sich etwa: Irgendein „Vorgang", eine Energiezufuhr oder dergleichen, ist zur Aufrechterhaltung der Rotation der Erde nicht erforderlich. Sie rotiert im leeren Weltraum ruhig weiter; im Gegenteil sogar noch etwas ungestörter als jetzt, da die allerdings sehr geringfügigen Störungen durch den Mond usw. fortfielen. Ein relativistisch geschulter Kopf wird sich fragen: Wodurch unterscheidet sich diese Rotation relativ gegen den leeren Raum von der Rotation des leeren Weltraums gegen die Kugel? Und wären dann wohl von der Drehung des leeren Raumes auch Wirkungen auf der Kugel zu erwarten?

Durch solche Überlegungen kam Einstein dazu, zu sagen: Ich fasse auch die Rotationsbewegung nur relativ auf, nämlich relativ gegen den Fixsternhimmel. Da nun aber die Erdrotation im Gegensatz zu geradlinig-gleichförmigen Bewegungen unzweifelhaft physikalische Wirkungen hervorruft, so müssen auch diese als abhängig gedacht werden lediglich

---
[6] Nach Martus, Astronomische Erdkunde, 3. Aufl. Dresden u. Leipzig 1904. Seite 419.

von der Relativbewegung der Erde. Das heißt: Stelle ich mir vor, dass nicht die Erde um ihre Achse relativ gegen den Fixsternhimmel rotiere, sondern umgekehrt dieser um eine durch die Erde gehende „Weltachse" gegen die Erde, wie dies ja Ptolemäus wollte, so müssten bei dem angenommenen Standpunkt, da ja die allein maßgebende Relativitätsbewegung ungeändert bleibt, auch alle Wirkungen dieselben bleiben.

Hier ist eins zu bemerken: In unserem Satz liegt unzweifelhaft eine wirkliche physikalische Hypothese, keine bloße mathematisch-philosophische Interpretation eines gegebenen Sachverhalts, wie dies bei der speziellen Relativitätstheorie gegenüber Lorentz der Fall war. Insofern ist die allgemeine Relativitätstheorie vielleicht sogar leichter verständlich als die spezielle; sie deutet nicht nur, sondern sie macht ganz konkrete Aussagen über das wirkliche Verhalten der Natur, und es ergibt sich hieraus, dass sie auch eine Nachprüfung durch das Experiment gestatten muss.

In welcher Weise wäre nun in unserem Fall eine solche Entscheidung durch Experiment möglich? Theoretisch vielleicht am einfachsten und zugleich radikalsten dadurch, dass man die Sonne, den Mond und sämtliche Sterne zerschlüge und auf die Seite schaffte. Wenn sich nach ihrer Beseitigung die oben besprochenen Zentrifugalwirkungen auf der Erde nach wie vor zeigen, dann hat die alte absolute Theorie recht; denn dann sind diese tatsächlich durch eine absolute Bewegung hervorgerufen. Bleiben sie aber aus, dann hat die relativistische Anschauung gesiegt; denn da sich nichts an der absoluten, sondern alles vielmehr nur an der relativen Bewegung geändert hätte, die Wirkungen aber trotzdem ausgeblieben wären, so wäre die Relativitätstheorie mit ihrer Behauptung endgültig und unwiderleglich im Recht.

Nun wird jeder zugeben, dass das erwähnte Experiment seine praktischen Schwierigkeiten hätte. Wie ist nun trotzdem eine Bestätigung der Theorie möglich? Einstein schloss so: Wenn der rotierende Fixsternhimmel Zentrifugalwirkungen auf der Erde auslösen würde, so müsste das bei andern großen rotierenden Massen auch der Fall sein. Es existieren nun Versuche darüber, ob etwa die großen Schwungräder unserer Dampfmaschinen derartige Wirkungen auszuüben vermögen. Wegen der Kleinheit der in

Betracht kommenden Wirkung ist es jedoch noch nicht zu einer bestimmten experimentellen Entscheidung in dem einen oder andern Sinn gekommen.

Die Frage nach der absoluten oder relativen Bedeutung der Rotation hatte sich schon Newton gestellt und sie experimentell zu beantworten gesucht. Er hing ein Gefäß mit Wasser an Fäden auf und versetzte es durch Drillung in Rotation. Im Anfang des Versuchs, als das Wasser die Bewegung des Gefäßes noch nicht angenommen hatte, blieb seine Oberfläche eben, trotzdem es doch relativ zum Gefäß rotierte; später aber stieg es in bekannter Weise an den Wänden hoch, wiewohl es doch zwar von uns aus gesehen rotierte, aber doch relativ zum Gefäß in Ruhe war. Newton schloss daraus, dass die Drehbewegung absolut aufzufassen sei; Ernst Machs Verdienst ist es, gezeigt zu haben, dass wenn auch das Gefäß sich nicht als geeigneter Bezugskörper herausgestellt hat, die Drehung deshalb noch nicht in einem absoluten Raum stattgefunden habe. In der Tat ist es vorläufig noch unentschieden, ob nicht Zentrifugalkräfte ausgelöst werden, wenn nicht ein Gefäß von mehreren Millimetern, sondern etwa mehreren Meilen Wandstärke oder gar das gesamte übrige Weltall gegen das Wasser zu rotieren beginnt.

4.2 Trägheit und Schwere

Während der vorige Abschnitt eine zwar gleichförmige, aber nicht geradlinige Bewegung behandelte, besprechen wir nun einen gerade umgekehrt liegenden Fall einer zwar geradlinigen, aber nicht gleichförmigen Bewegung. Wir kehren nämlich zu der schon früher erwähnten Fahrt in einem möglichst sanft und gleichmäßig betriebenen Personenaufzug zurück. Es hat schon jeder die Erfahrung gemacht, dass von dem mittleren Teil der Fahrt aus nur etwas zu merken ist, wenn man hinaussieht, die eigene Bewegung mit andern, nicht mitbewegten Gegenständen, etwa Treppen oder andern Gebäudeteilen, vergleicht, dass man hingegen das Anfahren und Anhalten auch völlig unabhängig davon wahrnimmt. Deswegen war ja auch der Schluss der mechanischen Relativitätstheorie, dass der „gleichmäßigen" Bewegung nur relative Bedeutung zukomme, der ungleichmäßigen aber absolute, d. h. auch ohne Rücksicht auf Vergleichskörper, durchaus wohl verständlich. Auch die „spezielle" Relativitätstheorie nimmt an ihm ja keinen Anstoß. Sehen wir uns nun diese Bewegung des Abfahrens und Anhaltens etwas näher an! Bei der ersteren nimmt die Geschwindigkeit zu, bei der letzteren ab, die erstere ist, wie man sagt, „beschleunigt", die zweite „verzögert" oder auch „negativ beschleunigt". Aber woran wird, da ja hierfür Vergleichskörper unnötig sein sollen, diese beschleunigte oder verzögerte Bewegung als solche festgestellt und gemessen? Die Antwort wird lauten: am Raum selbst! Und da wäre doch eben wieder der Raum als selbstständiges physikalisches, „absolutes" Prinzip. Und das scheint eben unbefriedigend.

Einstein wirft daher die Frage auf: Ist denn nun diese sogenannte „beschleunigte" oder „negativ beschleunigte", d. h. verzögerte Bewegung wirklich etwas so schlechthin Unvergleichbares, durch andere Vorgänge nicht Ersetzbares? Beobachten und ergänzen wir nur ein wenig! Würde unser Aufzug sehr viel plötzlicher anhalten, als wir es gewohnt sind, so würden wir durch das Anhalten in die Höhe geschleudert, wie man durch einen einfachen Versuch mit einem Glas Wasser jederzeit sehen kann. Wenn das Stillstehen des Aufzugs ein wenig allmählicher, aber immerhin noch weit schneller erfolgte, als es in Wirklichkeit geschieht, so wäre die Folge ein gewisses Schweben, ein momentanes Befreitsein von der Anziehungskraft der Erde, von der Schwere. Umgekehrt steht es beim Anfahren, wo die Schwere sogar noch verstärkt empfunden wird. Man sieht also zunächst für Bewegungen in vertikaler Richtung: Beschleunigte Bewegungen kommen in ihren Wirkungen auf eine Änderung der Erdschwerkraft hinaus, die je nach Art unserer Bewegung verstärkt, abgeschwächt, aufgehoben oder gar überkompensiert wird. Und um diesen Gedanken weiter zu verfolgen, fragen wir: Auf welchen Eigenschaften der Körper beruht denn die ungleichförmige Bewegung und auf welchen die Erdschwerkraft? Nun, die letztere beruht auf der „Schwere" der Körper, eine Eigenschaft, die wir diesen, etwa Gold oder Blei, in höherem, jenen, etwa Wasserstoff oder Sauerstoff, in geringerem Maß zusprechen, die aber sicher ganz unbedingt als allgemeine Eigenschaft aller Körper anzusehen ist. Und von welcher Eigenschaft der Körper hängt die ungleichförmige, positiv oder negativ beschleunigte Bewegung ab? Offenbar von der Trägheit! Denn vermöge ihrer Trägheit wollen sie die geradlinig-gleichförmige Bewegung beibehalten und setzen ihrer Änderung einen bald größeren, bald kleineren Widerstand entgegen. Alles, was die ungleichförmige Bewegung als so grundverschieden von der gleichförmigen erscheinen lässt, hängt mit der Trägheit der Körper zusammen. Auch in unserem Beispiel war es die Trägheit unseres eignen Körpers, die uns die Ungleichförmigkeit der Bewegung sofort empfinden ließ. Wir werden also dazu geführt, das Verhältnis von Trägheit und Schwere zueinander zu untersuchen!

Nun wird hier vom Leser, der bisher diesen Fragen ferngestanden hat, etwas viel verlangt. Er soll zunächst den großen, grundsätzlichen Unterschied von Trägheit und Schwere sich klarmachen, um sodann den einsteinschen Gedanken von ihrer Wesensgleichheit in sich aufzunehmen. Und doch ist beides notwendig, um sowohl die Tragweite als auch die Nichtselbstverständlichkeit dieses Gedankens zu verstehen. Nun sind allerdings Trägheit und Schwere zunächst zwei ganz verschiedene Begriffe. Von der Schwere erfahren wir fast nur als Erdschwere. Diese wirkt nur in vertikaler Richtung, in horizontaler ist sie ganz ausgeschaltet. Für die Trägheit, die den Widerstand gegen jede Bewegungsänderung bedeutet, ist die Richtung ganz gleichgültig. Wenn wir eine „schwere" Kegelkugel in schneller Bewegung aufhalten wollen, so ist es ganz gleichgültig, ob diese bergauf oder bergab oder in ebener Richtung vor sich geht, d. h., es hat mit ihrer „Schwere" nichts zu tun, sondern mit ihrer Trägheit. Wollen wir dieselbe Kugel in die Höhe heben, ohne dass es uns dabei auf die Geschwindigkeit dieser Bewegung ankommt, so haben wir hingegen nur die Schwere zu überwinden, gar nicht die Trägheit. Ganz wesentlich ist, dass die „Trägheit" einem Körper an sich zukommt, die Schwere hingegen nur in Bezug auf einen ihn anziehenden Körper, also gewöhnlich die Erde. Denken wir uns auf einen andern Himmelskörper versetzt, so wäre die Schwere aller Körper völlig geändert, ihre Trägheit nicht im geringsten. Befänden wir uns etwa auf einem der zum Teil ganz winzigen kleinen Planeten, so wären wir dort ohne Zweifel imstande, einen schwer beladenen Güterwagen oder eine Schnellzuglokomotive in die Höhe zu heben, wenngleich nur langsam. Sie hingegen anzuhalten, wenn sie, selbst mit nur mäßiger Geschwindigkeit, vorbeirollten, wäre uns ebenso unmöglich wie auf der Erde.

Wie kommt es, dass bei diesem Sachverhalt Trägheit und Schwere trotz ihrer so völlig verschiedenen Natur miteinander verwechselt werden, dass also in unserem Beispiel von der „schweren" Kegelkugel gesprochen wird, trotzdem die „träge" gemeint war? Nun, deshalb, weil die Trägheit der Schwere proportional ist, eine demnach als Maß für die andere genommen werden kann. Aus diesem Grund ist es wohl verständlich, wenn im gewöhnlichen Leben davon gesprochen wird, dass eine „schwere" Kugel sich nicht so leicht in ihrem Lauf aufhalten lasse als eine „leichte". Die Schwere eines Körpers wird gewöhnlich mit der Waage festgestellt und daraus ganz ohne Weiteres auf seine Trägheit geschlossen. Es wäre in obigem Beispiel vielleicht korrekter, davon zu sprechen, dass eine Kugel von großer Trägheit oder auch von großer „Masse" sich nur schwer aufhalten lasse, anstatt, wie man es gewöhnlich tut, hierbei von ihrem „Gewicht" zu reden. Wir sind eben völlig daran gewöhnt, dass „Schwere" und „Trägheit" oder „Gewicht" und „Masse" durchaus Hand in Hand miteinander gehen, und verwechseln sie deshalb unbedenklich. Selbstverständlich würde dies Verhältnis auch auf andern Himmelskörpern bestehen bleiben. Selbst wenn ihre Anziehungskraft von der unserer Erde so verschieden wäre, dass unsere Kraft ausreichte, eine Lokomotive zu heben, oder umgekehrt zu schwach wäre, auch nur einen Fingerhut vom Boden zu entfernen, an der Tatsache, dass auch dort die schwereren Körper die im genau gleichen Verhältnis trägeren wären, würde dies nicht das Mindeste andern. Ein jetzt leider sehr aktuelles Beispiel möge den Sachverhalt noch weiter klären! Vor dem Ersten Weltkrieg Krieg konnte man vielleicht glauben, dass eine Deutsche Mark und ein englischer Schilling gleichwertig, identisch seien. Infolge des ständigen Schwankens unserer Valuta wissen wir jetzt leider, dass das Verhältnis des Euro zum englischen Geld ein sich ständig änderndes, mithin an sich ganz unbestimmtes ist. Das hindert aber nicht, dass zu einem bestimmten Zeitpunkt zwischen beiden Währungen unbedingte Proportionalität besteht. Denn wie viel, oder wie wenig der Euro auch gelten möge, unter allen Umständen erhalte ich für 200, 300, 400 Euro doppelt, dreimal, viermal so viel englische Noten als für 100 Euro. So sind Trägheit und Schwere zwar an sich miteinander unvergleichbar, aber an demselben Ort besteht zwischen beiden unbedingte Proportionalität.

Eine Folge dieser Tatsache ist es bekanntlich, dass, abgesehen vom Luftwiderstand, alle Körper gleich schnell fallen. Im luftleeren Raum fallen eine Bleikugel und eine Flaumfeder genau gleich schnell. Woher kommt das? Nun, auf den schwereren Körper wird die größere Anziehungskraft ausgeübt, er würde also an sich schneller fallen. Aber der trägere Körper setzt wieder der Bewegungsänderung größeren Widerstand entgegen, würde also genau genommen sich langsamer in Bewegung setzen. Die völlige „Proportionalität" zwischen Trägheit und Schwere hat die völlig gleiche Fallbewegung für alle Körper zur Folge. Sie bleibt also auf jedem, beliebigen Himmelskörper genau bestehen.

Nun sind diese Dinge natürlich längst seit Jahrhunderten bekannt und jedem Physiker völlig geläufig. Einstein aber wirft als Erster die Frage auf, ob es denn richtig sei, eine so merkwürdige und dabei so allgemeine Tatsache wie die dieser Proportionalität zwischen Trägheit und Schwere einfach bloß als Tatsache, als nackte, zufällige Tatsache hinzunehmen, oder ob man nicht versuchen solle, wenn man sie schon nicht erklären könne, sie doch wenigstens zu deuten, sie irgendwie nutzbar zu machen für das allgemeine physikalische Weltbild und mit ihm zu verankern.

Um eine höchst merkwürdige Tatsache handelt es sich allerdings. Alle andern Kräfte kommen doch den Körpern in ganz verschiedenem Maße zu! Ein elektrisch geladenes Hollundermarkkügelchen etwa entwickelt starke elektrische Kräfte, während im Verhältnis dazu sein Gewicht als ganz geringfügig zu bezeichnen ist. Würde man stattdessen eine ebenso stark geladene Bleikugel untersuchen, so wäre das Verhältnis gerade umgekehrt. Eisen und Nickel können beide magnetisch werden, aber Eisen in sehr viel höherem Grade. Auch der Wärme gegenüber verhalten sich alle Stoffe höchst verschieden. Ein Liter Wasser braucht sehr viel mehr Wärme, um auf eine bestimmte Temperatur gebracht zu werden, als ein Liter Quecksilber, während diesem wieder die sehr viel größere Masse und das entsprechend größere Gewicht zukommt. Also Verschiedenheiten, wohin wir sehen, nur gerade die allgemeinsten Eigenschaften aller Körper, Schwere und Trägheit entsprechen sich durchaus. Das „Sichwundern" ist nach Aristoteles der Anfang aller Philosophie. Während Laien diese so wichtige Tatsache als etwas

Selbstverständliches, der Erklärung nicht Bedürftiges hinnimmt, hat sie denn auch das Interesse der Physiker schon vor Aufstellung der allgemeinen Relativitätstheorie auf sich gezogen und zu einer guten Deutung im Rahmen der speziellen Relativitätstheorie geführt.

Nun zu Einsteins „Deutung". Er sagt: Maßgebend für die Ungleichförmigkeit der Bewegung ist die Trägheit. Eine ganz wesentliche Eigenschaft der Trägheit ist ihre Proportionalität mit der Schwere. Es entsteht die Frage, ob man nicht die Ungleichförmigkeit der Bewegung durch Schwerewirkungen ersetzen und sie dadurch ihres absoluten Charakters entkleiden kann. Wir machen uns diese noch reichlich abstrakten Sätze sofort an einem Bild klar.

Dieses von Einstein selbst herrührende und seitdem sehr oft gebrauchte Bild ist eigentlich gar nichts anderes als unser schon mehrfach erwähnter hydraulisch oder elektrisch betriebener Personenaufzug, den wir uns jetzt nur etwas besser ausgestaltet und in etwas großartigerer Aufmachung vorstellen wollen. Wir denken uns unseren Aufzug nicht wie oben erst beschleunigt, dann mit gleichmäßiger Geschwindigkeit, dann verzögert fahrend, sondern gleichmäßig beschleunigt, sodass er sich schneller und immer schneller bewegen möge. Er fahre auch nicht auf der Erde, sondern irgendwo im freien Weltraum, weit entfernt von allen Himmelskörpern. Über den Ursprung der Kraft, die unseren Kasten in Bewegung setzt, machen wir uns weiter keine Gedanken. Wir stellen uns etwa vor, außen am Deckel sei ein Haken angebracht, an diesem befinde sich ein genügend langes Seil, und an diesem ziehe jemand, und zwar mit gleichbleibender Kraft. Die Geschwindigkeit des Kastens nimmt auf diese Weise immer mehr zu, etwa so, wie wir es von frei fallenden Körpern gewohnt sind, deren Geschwindigkeit auch, falls sie genügend lange fortgesetzt und durch keinen Luftwiderstand gebremst wird, geradezu fantastische Werte annimmt. Um unseren Erddurchmesser zu durchfallen, würde z. B. ein frei fallender Körper noch keine halbe Stunde brauchen, zu einer einzigen Lichtsekunde allerdings einige Stunden, sodass, wie wir sehen, zu derartigen Experimenten, auch wenn sie im größten Maßstab betrieben würden, im leeren Weltraum immer noch genügend Platz vorhanden wäre, denn die Fixsterne sind ja im Allgemeinen durch Lichtjahre voneinander getrennt. Über die Richtung der Bewegung, ob nach oben, unten oder sonst wie, etwas zu sagen, hat natürlich gar keinen Sinn, derartige Richtungen gibt es ja nicht im Weltenraum.

Nun befinde sich im Innern unseres Kastens ein Physiker, der mit allen Apparaten beobachten, aber aus dem Kasten entweder gar nicht oder nur in den völlig leeren Weltraum hinaussehen kann, jedenfalls also keinerlei Vergleichskörper zur Verfügung hat. Zu welchen Schlüssen wird der Mann kommen? Er wird bemerken, dass, wenn er Gegenstände loslässt, sie sich erst langsam, dann immer schneller in einer bestimmten Richtung bewegen, und zwar alle mit ganz derselben Beschleunigung. Sie tun dies natürlich infolge ihrer Trägheit, die sie der fortgesetzten Beschleunigung des Kastens Widerstand entgegensetzen, an ihr also nicht teilnehmen und sie also sich relativ zum Kasten bewegen lässt. Aus demselben Grund üben sie, wenn sie durch den Kasten selbst an der Weiterbewegung verhindert werden, auf die Kastenwand einen Druck aus, der sonst im leeren Weltenraum nicht zustande kommt. Da aber die Körper immer die jeweilige Geschwindigkeit des Kastens annehmen und nur ihrer Vermehrung gegenüber Trägheit zeigen, so wird dieser Druck gegen die Unterlage nicht etwa wachsen, sondern unverändert bleiben. Auch die relative Bewegung der Körper gegen den Kasten bleibt völlig dieselbe, so oft auch die Experimente wiederholt werden mögen.

Was wird nun unser Freund im Kasten dazu sagen? Offenbar etwa Folgendes: Ich habe geglaubt, mich im freien Weltraum zu befinden, wo es kein Oben und Unten und keine Schwerkraft gibt. Ich sehe, das war ein Irrtum; ich befinde mich hier ja ganz augenscheinlich unter der Einwirkung einer Schwerkraft, in einem sogenannten „Schwerefeld" oder „Gravitationsfeld". Denn alle Körper fallen ja nach „unten", alle genau gleich schnell, üben einen Druck auf die Unterlage aus, ganz genau so, wie ich es gewohnt war, als ich seinerzeit auf unserer lieben alten Erde Kollegs über Experimentalphysik las. Er wird sich sofort an die Arbeit machen, um die „Beschleunigung" festzustellen, mit der die Körper fallen, die ja nach unserer Voraussetzung von der Beschleunigung abhängt, mit der sich der Kasten infolge der äußeren Krafteinwirkung bewegt; er wird so versuchen, die Größe des Gravitationsfeldes, in dem er sich wähnt, festzustellen, wird dann vielleicht Rückschlüsse über die Größe und Entfernung des Himmelskörpers machen, der es seiner Meinung nach veranlasst. Welche Experimente er auch anstellt, er wird kein anderes Resultat erhalten, auch die Spannung des Seils, die er vielleicht beobachtet, wird er auf die „Schwere" seines Kastens, nicht auf dessen „Trägheit" zurückführen; er wird sich vielleicht auch freuen, dass durch das Seil der Kasten am Herunterfallen gehindert sei; kurz: Infolge der vollkommen Proportionalität zwischen Trägheit und Schwere ist die ganze ungleichförmige Bewegung durch ein Gravitationsfeld vollständig ersetzbar. Seinen Irrtum wird unser Kastenphysiker erst dann einsehen, wenn er Vergleichskörper hat, etwa andere Himmelskörper, „relativ" zu denen er sich beschleunigt bewegt und denen er eine beschleunigte Bewegung in einer der seinen entgegengesetzten Richtung nicht zuschreiben will.

Was wird der Physiker wahrnehmen, wenn er mitsamt seinem Kasten auf einen Himmelskörper zu, etwa auf die Erde, herunterfällt? Antwort: gar nichts! Der Kasten hat eine beschleunigte Bewegung, alle Gegenstände in seinem Innern aber gleichfalls. Und da sie genau so schnell fallen wie der ganze Kasten, so haben sie nicht die geringste relative Bewegung zu ihm. Sie „schweben" in jedem Ort des Innern und üben keinerlei Druck auf ihre Unterlage aus, falls man hier von „Unter"lage reden will, denn ein Unterschied von „oben" und „unten" ist praktisch nicht vorhanden. Unser armer Freund, der nun einer bedenklichen Katastrophe entgegeneilt, mag sich bis dahin ruhig der Täuschung hingeben, es sei alles in bester Ordnung, und er bewege sich in vollkommen gleichförmiger Bewegung im freien Weltenraum, wo es ja auch keine Schwere und kein Oben und Unten gibt. Wir sehen also:

> *Beschleunigte Bewegung und das Gravitationsfeld, das sie veranlasst, heben einander in den Wirkungen gerade genau auf. Soll das Gravitationsfeld durch die beschleunigte Bewegung nicht aufgehoben, sondern ersetzt werden, also ein Gravitationsfeld angenommen werden, während nur beschleunigte Bewegung vorhanden ist, so muss diese Bewegung ebenso schnell beschleunigt sein, wie eine vom Feld veranlasste wäre, aber die entgegengesetzte Richtung haben.*

Beispiele: Wir fahren in einem Eisenbahnzug, der seine Bewegung gerade anhebt. Infolge der Trägheit unseres Körpers empfinden wir diese Bewegung, denn unser Körper will noch in Ruhe bleiben, wir müssen in wiederholtem künstlichem Ruck ungern Oberkörper nach vorn bewegen, und zwar so lange, bis die Bewegung des Zugs gleichförmig geworden ist. Will der Reisende nun annehmen, er sei in Ruhe geblieben, so braucht er nur zu behaupten, es sei plötzlich ein horizontal, nämlich nach hinten wirkendes „Gravitationsfeld" entstanden, das seinen Oberkörper fortwährend nach hinten gezogen habe, das aber bald darauf, nämlich wenn in Wirklichkeit die Zugbewegung gleichförmig ist, wieder verschwunden sei. Es wird natürlich nicht behauptet, dass das plötzliche Entstehen und Verschwinden solcher horizontaler „Gravitationsfelder" physikalisch ohne Weiteres möglich sei, nur um die grundsätzliche Ersetzbarkeit unserer Bewegung handelt es sich. Wir sehen wieder aus diesem Beispiel: Die Bewegung war nach vorn gerichtet, das ihr äquivalente Gravitationsfeld muss nach hinten gerichtet gedacht werden, es hätte für sich allein eine Bewegung hervorgerufen, die der tatsächlich stattgefundenen gerade entgegengesetzt gerichtet war. Ganz genau umgekehrt liegt natürlich die Sache, wenn nun der Zug, etwa durch Bremsung, immer langsamer fährt und schließlich anhält. Auch hier kann unser Reisender auf seinem Standpunkt, er sei in völliger Ruhe verblieben, bestehen bleiben, wenn er nur vorn ein Gravitationsfeld annehmen will, das, wenn es wirklich existierte, natürlich eine positive Beschleunigung des Zuges nach vorn veranlasst hätte, während in Wirklichkeit ja eine negative Beschleunigung nach vorn, eine Verzögerung der Bewegung, stattgefunden hat. Nicht schwierig ist es, einzusehen, dass das Gravitationsfeld der Bewegung nicht nur der Richtung nach entgegengesetzt, sondern auch der Größe nach völlig gleich sein muss.

Wie kann man die Stärke eines Gravitationsfeldes messen? Offenbar nicht durch die Geschwindigkeit der Bewegung, die es veranlasst. Denn diese wird ja unter seinem Einfluss schneller und schneller, nimmt also im Lauf der Zeit jeden Wert an. Man gibt daher die Geschwindigkeit an, die nach Verlauf einer Sekunde erreicht ist. Das ist bei der Erde rund 10 m, genauer in unseren Breiten 9,81 m. Diese Zahl charakterisiert also das Gravitationsfeld der Erde. Bei der Sonne beträgt die betreffende Zahl etwa 270 m in der

Sekunde beim Mond nur 1,66 m. Die Körper fallen also dort schneller, hier langsamer als bei uns.

4.3 Die krummen Lichtstrahlen

Wir besprechen einen möglichen Einwand gegen unsere obige Darstellung, der in Wirklichkeit die stärkste Stütze der ganzen Theorie geworden ist. Wir kehren wieder zu unserem Physiker in seinem Kasten zurück und wollen nun annehmen, es falle von außen her ein Lichtschein, etwa von einem sehr fernen Fixstern, durch ein Fenster herein. Was wird nun zu sehen sein? Nun, wir haben eben ausführlich auseinandergesetzt, dass infolge der Bewegung des Kastens eine Aberration eintreten muss. Dies ändert vorläufig an der Sachlage gar nichts. Denn wenn er nun auch den Stern in anderer Richtung sieht, als ihn ein ruhender Beobachter sehen würde, er hält seine Richtung natürlich für die richtige, und zu irgendwelchen neuen Schlüssen über den Bewegungszustand kommt es nicht.

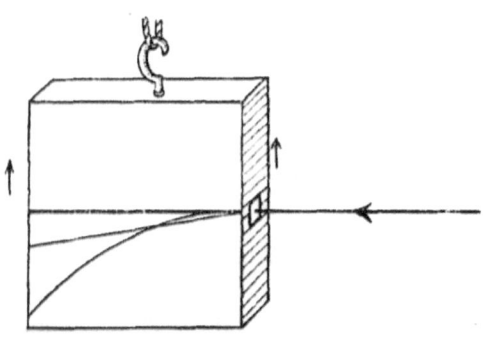

Weg des Lichtstrahls im ruhenden, gleichförmig bewegten und beschleunigten Kasten.

Aber nun behält der Kasten ja nicht etwa seine Geschwindigkeit bei, sondern diese wird größer und größer. Nehmen wir an, dass selbst in der kurzen Zeit, die der Lichtstrahl braucht, um den Kasten zu durchqueren, seine Geschwindigkeit schon wieder merklich zugenommen habe, so wäre die Folge natürlich auch eine Zunahme der Aberration, d. h. der Strahl ändert, während er den Beobachtungskasten durchsetzt, seine Richtung, mit andern Worten: Der Strahl wird dem Beobachter gekrümmt erscheinen. Nun liegt natürlich ein Einwand gegen die Auffassung des vorigen Abschnittes nahe: Der beschleunigt bewegte Kasten zeigt gekrümmte Lichtstrahlen, von dem ruhig in einem Gravitationsfeld aufgehängten war dies bisher noch nicht behauptet worden, also läge hier die Möglichkeit einer Unterscheidung vor; die behauptete völlige Äquivalenz zwischen der Wirkung des Gravitationsfeldes und der der beschleunigten Bewegung wäre endgültig widerlegt. Da dies Einstein unerträglich schien, stellte er die gerade umgekehrte Behauptung auf:

Lichtstrahlen werden auch durch Gravitationsfelder gekrümmt, und zwar in genau demselben Maß wie durch die äquivalenten beschleunigten Bewegungen.

Diese Behauptung war deshalb so ungeheuer wichtig, weil sie die Möglichkeit zu einer ganz unmittelbaren experimentellen Nachprüfung bot. Man lasse einfach einen Lichtstrahl durch ein Gravitationsfeld hindurchgehen und sehe zu, ob es ihn gekrümmt hat. Wir wollen uns nun zunächst darüber ganz klar werden, dass starke Wirkungen nicht erwartet werden können, dass vielmehr die auf diese Weise erreichte Krümmung der Lichtstrahlen und Ablenkung aus ihrer vorigen Richtung unter allen Umständen nur ganz minimale Beträge erreichen kann. Wir wollen keine Kosten scheuen und uns unseren Kasten 300.000 km groß denken, sodass das Licht gerade eine Sekunde brauchen würde, um ihn zu durchsetzen. Mit den Dimensionen des Weltalls verglichen wäre diese Größe übrigens noch ganz winzig. Selbst von den Fixsternen der allernächsten Nachbarschaft würde man unseren Kasten, auch wenn er blendend weiß angestrichen wäre, nicht sehen können. Wir wollen ferner annehmen, es wirke auf ihn eine so ungeheure Kraft ein, dass, wenn er auch jetzt noch ruhte, er im Verlauf einer einzigen Sekunde bereits die Erdgeschwindigkeit erlangt habe, also 30 km in der Sekunde. Natürlich müsste dann diese Geschwindigkeit sich noch in jeder Sekunde um den gleichen Betrag vermehren. Unter diesen Annahmen hätte also der Lichtstrahl etwa beim Eintritt in den Kasten die Aberration Null, während sie beim Austritt diejenige Größe erlangt hätte, die der Erdgeschwindigkeit entspricht, also wie im Kapitel 'Die Aberration', S. 50f, ausgeführt $^1/_3$ Minute oder den hundertsten Teil des Vollmond- oder Sonnendurchmessers.

Wie sieht es nun damit in der Wirklichkeit aus? Man kann sich sehr leicht davon überzeugen, dass ein derartiger Ablenkungswinkel, den wir doch längst noch nicht als sehr groß betrachten würden, nicht entfernt vorkommen kann, und zwar deshalb, weil es Gravitationsfelder von solch enormer Intensität, wie eben angenommen, in der Natur nicht gibt. Die Anziehungskraft, die die Sonne auf ihrer Oberfläche ausübt, ist etwa 28mal so groß wie die der Erde; ein Körper durchfällt bei uns im freien Fall in der ersten Sekunde etwa 4,90 m, auf der Sonne 135 m; in jeder Sekunde nimmt bei uns die Geschwindigkeit des freien Falls um 9,81 m zu, auf der Sonne um 270 m; demnach würde das Gravitationsfeld der Sonne noch nicht ganz den hundertsten Teil der Stärke haben, die wir eben voraussetzten. Und dies gilt auch nur noch für die unmittelbare Sonnenoberfläche, in der Entfernung eines Sonnenradius hat die Gravitation wiederum auf den vierten Teil abgenommen. Günstiger steht es freilich mit der räumlichen Ausdehnung des Gravitationsfeldes. Wir nahmen eben 300.000 km an; der Sonnendurchmesser beträgt aber etwa 1,4 Millionen Kilometer, also 4 bis 5 Mal so viel, und das Gravitationsfeld der Sonne macht sich natürlich auf noch weitere Strecken, wenn auch abgeschwächt, bemerkbar.

So roh diese Überschlagsrechnung oder vielmehr Abschätzung auch ist, so zeigt sie doch zur Genüge, dass wir für unsere Ablenkung nur sehr kleine Winkel, die eben an der Grenze der Wahrnehmbarkeit stehen, zu erwarten haben werden. Ganz ausgeschlossen ist es demnach, jemals die Krümmung feststellen zu können, die ein Lichtstrahl durch den Mond erfährt, was natürlich recht bedauerlich ist, da wir zu solchen Beobachtungen oft Gelegenheit haben würden. Wir sind ganz unbedingt auf die Ablenkung durch das stärkste uns bekannte Gravitationsfeld angewiesen, und das ist das der Sonne. Wir müssen demnach einen Stern beobachten, der scheinbar ganz in der Nähe der Sonne steht, in Wirklichkeit also natürlich sehr weit hinter ihr, dessen Strahlen also, um zu uns zu gelangen, die stärksten Teile des Gravitationsfeldes der Sonne durchsetzen müssen. Nun ist aber bekannt, dass wir bei Tage, geschweige denn in so unmittelbarer Nachbarschaft der Sonne, überhaupt keine Sterne sehen können. Wenn nun ja auch die Beobachtung durch das Fernrohr in diesem Punkt sehr viel günstiger gestellt ist wie die durch das bloße Auge (denn für sie macht die Beobachtung lichtstarker Sterne bei Tag an sich keine Schwierigkeit), so kann diese Aufgabe doch nicht gelöst werden; man muss also die Gelegenheit einer totalen

Sonnenfinsternis abwarten, bei der das hier hindernde, allzu grelle Sonnenlicht durch den Mond abgeblendet ist.

Nun sind die totalen Sonnenfinsternisse bekanntlich sehr selten; nach der Aufstellung der allgemeinen Relativitätstheorie haben dann aber zwei stattgefunden, eine im Sommer 1914, zu deren Beobachtung eine deutsche Expedition nach Südrussland entsandt wurde, die aber infolge Ausbruchs des Weltkriegs leider nicht beobachten konnte, und die vom Mai 1919, die zu der bekannten Bestätigung der einsteinschen Vorausberechnungen geführt hat und auf die wir im Folgenden zurückkommen werden.

4.4 Newton und Einstein

Die Relativitätstheorie ändert, wie wir gesehen haben, unsere Vorstellung von den Raum- und Zeitmaßen. Denn während man früher diese Größen als schlechthin unveränderlich, „absolut" ansah, lehrte uns die Relativitätstheorie, und zwar schon die „spezielle", sie abhängig von der Geschwindigkeit, als „relativ" aufzufassen. Nun sind aber Raum- und Zeitgrößen ganz elementare Grundgrößen der Physik, die ihrerseits wieder die Voraussetzung für sehr viele andere Größen bilden. Ganz besonders gilt dies für ein Gebiet, nämlich die Mechanik. Geradezu grundlegend für diese Disziplin ist z. B. der Begriff der „Geschwindigkeit". Man versteht darunter den Weg, der in der Zeiteinheit zurückgelegt wird; ändern sich nun infolge der Relativitätstheorie die Maßzahlen für Weg und Zeit, so wird sich auch die Maßzahl für die Geschwindigkeit ändern, und diese Änderung hat natürlich wieder die anderer, für die Mechanik nicht minder fundamentaler Größen zur Folge. Kurz, die gesamte Mechanik wird von der Relativitätstheorie in Mitleidenschaft gezogen werden, und man spricht demnach von einer „relativistischen" Mechanik, der man die ältere Theorie als die sogenannte „klassische Mechanik" gegenüberstellt.

Wie steht es nun mit den praktischen Änderungen, die unsere Neuerungen im Gefolge haben? Wir wissen, dass sie sich um so eher bemerkbar machen werden, je größer die Geschwindigkeiten sind, um die es sich dabei handelt. Nun sind die größten Geschwindigkeiten bewegter Materie, die die Physik kennt, einerseits die in den Kathoden- und ß-Radiumstrahlen bewegten Massenteilchen, andererseits die astronomischen. Die ersteren Bewegungen sind zwar außerordentlich viel schneller als die letzteren, aber sie können nicht durch unmittelbare Messung festgestellt werden, sondern sie ergeben sich erst mittelbar aus der Theorie. Die Bestätigungen, die sich auf diesem Weg für die Relativitätstheorie ergeben, können zwar auch, besonders wenn sie sich häufen, ein gewisses Gewicht erlangen, aber sie lassen doch den Wunsch nach einer unmittelbaren, sozusagen handgreiflichen Prüfung der Relativitätstheorie offen, und diese kann nur von der Astronomie geliefert werden.

Wir müssen hier etwas weiter ausholen. Die Astronomie lehrt zwei Bewegungen unterscheiden, die tägliche Drehung des Fixsternhimmels und die langsameren Umläufe der sogenannten Wandelsterne auf ihm. Die erstere, die sich täglich mit absoluter Präzision wiederholt, bot zu einem mathematischen Ansatz nur wenig Veranlassung und ist auch durch die von Kopernikus gelehrte Drehung der Erde um ihre Achse genügend erklärt. Hingegen stellten die Bewegungen der Wandelsterne von alters her dem Forscher zwei Aufgaben, nämlich erstens, sie genügend zu beschreiben, womöglich so, dass der Ort eines jeden Wandelsternes zu jeder beliebigen Zeit mit jeder beliebigen Genauigkeit berechnet werden konnte, und zweitens, Gründe für sie anzugeben, sie auf anerkannte Bewegungsgesetze zurückzuführen, mit andern Worten: Eine Himmelsmechanik zu schaffen. Die erste Aufgabe wurde zuerst von Kepler genügend gelöst; das wichtigste der von ihm aufgestellten Gesetze besagt bekanntlich, dass die Planeten sich in ebenen Ellipsen bewegen, in deren einem Brennpunkt die Sonne steht; und auch den Zeitpunkt, in dem jeder Bahnpunkt erreicht wird, lehrte Kepler in einem zweiten Gesetz zu berechnen. So erstaunlich diese Leistung eines einzelnen Mannes war, die für die Sternkunde wohl ebenso viel bedeutete wie die Gesamtarbeit von anderthalb Jahrtausenden vor ihm, so ließ sie doch noch zwei Fragen offen. Erstens zeigen die sämtlichen Planetenbewegungen kleine Abweichungen von den Keplerschen Gesetzen, sogenannte „Störungen", die zum Teil schon Kepler selbst bekannt waren, sich aber noch weit mehr bemerkbar machten, als durch die Einführung des Fernrohrs in die Astronomie die Beobachtungsgenauigkeit ganz außerordentlich gesteigert wurde. Zweitens gab Kepler seine Gesetze nur als Tatsache, eine theoretische Ableitung aus einem höheren und allgemeineren Gesetz ließ er noch vermissen.

Beide Lücken wurden in einer geradezu unerhörten Vollkommenheit ausgefüllt durch die Leistung Newtons. Er führt alle Planetenbewegungen auf zwei ganz große Prinzipien zurück, eben die in unserem Kapitel 3.2 besprochenen der Trägheit und der Schwere. Nur der Trägheit folgend würden die Planeten sich in geradlinigen Bahnen immer weiter von der Sonne entfernen, nur der Schwere, der Gravitation folgend würden sie in die Sonne hineinstürzen; das gleichzeitige Wirken, das rhythmische Wechselspiel der beiden fundamentalen Prinzipien ergibt, wie Newton mit selbst erfundenen Rechenmethoden zeigte, genau die keplerschen Bahnen. Und die Abweichungen, die sogenannten „Störungen", ergeben sich nicht weniger vollkommen aus dem Umstand, dass ja nicht die Sonne und der betrachtete Planet allein vorhanden sind, sondern auch noch Nachbarplaneten, die auch ihrerseits Gravitationswirkungen auf ihren Bruder ausüben. Von diesen Störungen wollen wir besonders eine erwähnen: Denkt man sich den der Sonne nächsten und den von ihr entferntesten Punkt einer Planetenbahn mit der Sonne durch eine gerade Linie verbunden, so erhält man die große Achse der Ellipse, die man hier „Apsidenachse" nennt. Diese Apsidenachsen nun bleiben nicht fest im Raume stehen, sondern führen eine sehr langsame Drehung aus, der zufolge sich die Lage der Bahnellipse im Raum allmählich ändert. Da man den der Sonne am nächsten gelegenen Punkt einer Planetenbahn sein „Perihel" nennt, so spricht man auch von einer „Periheldrehung".

Die Leistungen des Newtonschen Gesetzes grenzen nun tatsächlich ans Fabelhafte. Es wurde zum Eckstein der Astronomie, ja diese Wissenschaft wurde zum allergrößten Teil das bloße Anwendungsgebiet dieses einzigen Satzes, und dabei lässt die Astronomie, wie allseitig zugegeben wird, an Vollkommenheit alle anderen Naturwissenschaften hinter sich zurück. Millionen Beobachtungen wurden durch dies Gesetz jahrelang vorher mit unerhörter Genauigkeit im voraus berechnet und hinterher von allen Sternwarten der Erde bestätigt. Seine bekannteste Leistung ist die Auffindung des Planeten Neptun, dessen Existenz und Ort aus ihm allein durch die auf den Nachbarplanet Uranus ausgeübten Störungen von Leverrier errechnet wurden. Die Wiederauffindung des zwar schon vorher entdeckten, aber in den Strahlen der Sonne verloren gegangenen kleinen Planeten Ceres durch Gauß ist eine kaum geringere Leistung. So wurde das Newtonsche Gesetz mehr und mehr das Musterbeispiel eines Naturgesetzes, und wenn je etwa ein Forscher an der Leistungsfähigkeit unserer Naturwissenschaft, an der Erforschbarkeit der Natur überhaupt verzagen wollte, so genügte ein Hinweis auf dies Gesetz, um jeden Zweifel niederzuschlagen. Anderthalb Jahrhunderte lang, bis zur Aufstellung des Gesetzes von der Erhaltung der Energie, hatte die Naturwissenschaft nichts ihm Ebenbürtiges an die Seite zu stellen.

Trotzdem hatte auch das Newtonsche Gesetz seine Mängel, theoretische und praktische. Praktische insofern, als sich doch, wenn auch außerordentlich selten und in sehr winzigem Ausmaß, Beobachtungen zeigten, die es nicht recht zu erklären vermochte; theoretische insofern, als es in der immer mehr vervollkommneten und zugleich überall in Fluss geratenen Physik als eine Art großartiger Petrefakt aus alten Zeiten stehen geblieben war. Es gestattete keine Ableitung aus einem höheren Prinzip. Es stand ferner auf dem Standpunkt der Fernwirkung, d. h., es behauptete die zeitlose Übertragung von Kräften in beliebige Fernen ohne irgendwelche Berücksichtigung des Zwischenraums, während in andern Gebieten der Physik, insbesondere seit Faraday, gerade die Leugnung solcher Fernkräfte zu den schönsten Erfolgen geführt hatte. Dazu kommt, dass es einen absoluten Raum und eine absolute Zeit voraussetzt.

Bei den eminenten Leistungen des Gesetzes war die Stellung der Physiker demgegenüber recht schwierig. Trat im weiten Gebiet der Astronomie eine Unstimmigkeit auf, so suchte man so lange nach irgendwelchen Nebenumständen, bis die Harmonie zwischen der theoretischen Forderung und der Beobachtung wieder ausgeglichen war. In den meisten Fällen gelang dies auch vollkommen; die erwähnte Entdeckung des Neptun ist ja das beste Beispiel hierfür. Sehr viel Kopfzerbrechen machte die sogenannte Mondbeschleunigung, nach der unser Trabant nach einem ganzen Jahrhundert etwa 10 Sekunden eher, als er sollte, an den errechneten Örtern erschien, und die nun gleichfalls ziemlich befriedigend erklärt ist. So blieb an ungelösten Widersprüchen eigentlich nur einer: Die Periheldrehung des Merkurs ist, wie Leverrier berechnete, um 43 Sekunden im

Jahrhundert größer, als sich durch Rechnung aus der newtonschen Theorie ergibt. Um eine Vorstellung von diesem Winkel zu geben: Er ist etwa gleich der scheinbaren Größe eines Millimeters in 5 m Entfernung. Auf diesen Betrag wächst also die Differenz zwischen Theorie und Praxis in einem Jahrhundert an. Man versuchte zunächst die beim Neptun bewährte Methode, man suchte nach einem neuen Planeten, dessen Gravitationswirkungen die beobachtete „Störung" ergeben hätten. Da er der Sonne noch näher stehen müsste als Merkur, der auch schon wegen seiner Sonnennähe sehr schwer sichtbar ist, so wäre es wohl möglich gewesen, dass er bisher übersehen worden wäre. Doch wollte die Entdeckung des Planeten, für den man übrigens schon den Namen „Vulkan" bereithielt, nicht gelingen.

Das Verfahren Einsteins, das alle seine Leistungen krönen sollte, können wir hier nur in groben Umrissen schildern. Er suchte nicht etwa am Newtonschen Gesetz im einzelnen herumzuflicken, sondern ging ganz selbstständig neue Wege. Er verfuhr dabei deduktiv, d. h., er stellte allgemeine Grundsätze auf, die unter allen Umständen gewahrt bleiben sollten, und suchte von hier aus sein Gesetz zu gewinnen. Der erste dieser Grundsätze war der einer vollständigen Relativität. Nicht nur geradlinig-gleichförmige, sondern schlechthin alle Bewegungen sollten nur relativ aufgefasst werden. Auf diese Weise wurde geradezu das kinematische (phoronomische) Relativitätsprinzip, das wir eingangs besprachen, und das sowohl von der mechanischen als auch von der Einsteinschen speziellen Relativitätstheorie verlassen worden war, für die Physik zurückerobert[7]. Das wesentlichste Mittel, durch das dies gelang, war die innere Inbeziehungssetzung von Trägheit und Schwere, die ja von uns ausführlich besprochen wurde. Es wurden sozusagen beide fundamentalen Tatsachen der Mechanik nur noch als eine einzige gewertet. Er verließ ferner grundsätzlich den Standpunkt der „Fernwirkung", indem er sich fragte: Welche Wirkung übt ein gegebener Zustand auf seine unmittelbare räumliche und zeitliche Nachbarschaft aus? Außerdem machte er noch gewisse formal-mathematische Annahmen.

---

7 Natürlich darf man deswegen noch nicht von einer „Verwechslung" des Phoronomischen und des Dynamischen bei Einstein reden, wie dies Lenore Ripke-Kühn in ihrer etwas anspruchsvoll auftretenden Schrift: Kant contra Einstein (Erfurt 1920) tut. Ein solcher Vorwurf wäre nur dann verständlich, wenn Einstein keinen Versuch gemacht hätte, Bewegungsgesetze aufzustellen, deren Existenz gerade den Unterschied des Phoronomischen und Dynamischen ausmacht.

Und von dieser Grundlage auf rein mathematischem Wege fortschreitend, gelang es ihm tatsächlich, ein neues Grundgesetz der Mechanik aufzustellen. Diese schon bei der speziellen Relativitätstheorie angewandte Methode, aus ganz allgemeinen, man möchte fast sagen philosophischen Grundsätzen heraus die Gesetze auszurechnen, hat für den Mathematiker etwas geradezu Faszinierendes. Über die ungeheuren dabei zu überwindenden Schwierigkeiten brauchen wir kein weiteres Wort zu verlieren. Freilich mit den üblichen Raum- und Zeitmaßen musste Einstein dabei noch weit rücksichtsloser umgehen, als dies bei der speziellen Relativitätstheorie der Fall war. Andernfalls hätten sich eben die oben erwähnten allgemeinen Grundsätze nicht durchführen lassen. Der ganze einsteinsche Raum erhält, in bildlichem Sinn gesprochen, dem gewöhnlichen Raum gegenüber etwas Verbogenes und Verzerrtes. Hierfür geben die oben erwähnten gekrümmten Lichtstrahlen ein gutes Bild. Sie schützen uns auch vor übertriebenen Befürchtungen! Trotzdem wir dort ein Gravitationsfeld annahmen, das hundertmal stärker war, als das stärkste uns bekannte, nämlich das der Sonne, so zeigten unsere Strahlen doch selbst auf 300.000 km nur eine Krümmung von 21", was dem Winkel entspricht, unter dem 1 mm auf 10 m Entfernung erscheint. Innerhalb bürgerlicher Dimensionen also haben wir für unseren geraden Raum und unsere geraden Glieder nichts zu befürchten! Damit ist auch schon die Antwort auf eine andere Frage gegeben: Würde es, falls wirklich die kinematische Relativitätstheorie wieder erstehen soll, auch erlaubt sein, ein fahrendes Karussell als ruhend und seine ganze Umwelt als bewegt zu betrachten, ohne dabei mit augenscheinlichen Naturgesetzen in Widerstreit zu geraten? Die Antwort kann nur lauten: Es wäre schon möglich, nur müssten wir uns dann entschließen, derartig komplizierte, von Punkt zu Punkt wechselnde Raum- und Zeitmaße einzuführen, dass wir unseren guten alten Raum und die gute alte Zeit nicht mehr wiedererkennen würden und uns die Lust zu solchem Mutwillen sehr bald verginge.

Und nun zu den Leistungen des einsteinschen Fundamentalsatzes! Da er, wie wir sahen, grundsätzlich nur die nächste Nachbarschaft berücksichtigt, so bedarf es, will man ihn für größere Gebiete anwenden, erst einer umständlichen Ausrechnung, einer sogenannten „Integration". Der Satz entbehrt also der geschlossenen und sehr knappen

Form des Newtonschen Gesetzes. Und die notwendige Ausrechnung, die „Integration" ist nicht mit völliger, absoluter mathematischer Strenge durchführbar; sie gibt für immer weitergehende Verbesserungen Raum. Wird sie nun „in erster Annäherung" durchgeführt, so ergibt sich — das Newtonsche Gesetz! Alle die vorzüglichen Bewährungen dieses merkwürdigen Satzes, von denen wir oben sprachen, kann also die Einsteinsche Theorie mit gleichem Recht für sich beanspruchen. Aber weiter: Führt man die Ausrechnung der Grundformel noch weiter durch, so erhält man gerade die Perihelbewegung. Sie tritt für alle Planeten auf, erlangt aber nur bei dem sonnennächsten, Merkur, eine beobachtbare Größe. Und diese stimmt fast ganz genau mit der von den Beobachtungen längst geforderten überein. Das sind in der Tat erstaunliche Leistungen der einsteinschen Theorie, denen gegenüber das Opfer der alten Raum- und Zeitvorstellungen, die ja zudem schon von der speziellen Relativitätstheorie stark erschüttert waren, nicht zu hoch erscheint.

4.5 Das Eisenbahnunglück

Bei den bisherigen Erörterungen des allgemeinen Relativitätsprinzips hat der Fall eines Eisenbahnunglücks eine große Rolle gespielt und zu lebhaften, manchmal sogar hitzigen Kontroversen geführt. Man hat es als geradezu absurd hingestellt, dass sich das allgemeine Relativitätsprinzip zu der Folgerung genötigt sehe, möglicherweise sei ein in voller Fahrt verunglückter Zug in Ruhe geblieben, nur die Umgebung habe sich bewegt, sei aber andererseits doch wieder bei dem Unglück heil geblieben, während im Zug alles in Trümmer gegangen sei. Der Sachverhalt selbst ist nicht schwierig aufzuklären; er stellt sich, wenn man, was allerdings vom Standpunkt der allgemeinen Relativitätstheorie erlaubt ist, den Eisenbahnzug als ruhendes System auffassen will, etwa so dar: Der Eisenbahnzug ruht mit der Lokomotive etwa nach Osten; die ganze Gegend: Eisenbahnschienen, Landschaft, Bäume, Häuser, bewegen sich an ihm mit großer Geschwindigkeit nach Westen vorbei. Es entsteht nun ein nach Osten gerichtetes Gravitationsfeld, demgegenüber Osten wie unten, Westen wie oben wirkt. Die Gegend, die sich nunmehr dem Gravitationsfeld entgegen, also sozusagen nach oben bewegt hatte, wird jetzt in ihrer Aufwärtsbewegung gehemmt. Sowie sie ganz zum Stillstand gekommen ist, verschwindet das Gravitationsfeld wieder, Oben und Unten haben wieder ihre normale Lage und die Gegend bleibt in Ruhe. Der Eisenbahnzug wurde durch ein äußeres Hindernis, etwa einen Stein auf den Schienen, am Fallen nach Osten verhindert; die Gegenstände im Zug natürlich nicht; Menschen, Gepäckstücke usw. fielen durcheinander. Oder auch: Nur die Lokomotive wurde am Fall verhindert, die Wagen fielen über sie hinweg, denn sie wurden ja weder durch ein äußeres Hindernis noch durch ihre bisherige Aufwärtsbewegung am Fallen verhindert. Und so ging alles kurz und klein.

Nun ist nicht zu verkennen, dass diese Beweisführung, so logisch einwandfrei sie ist, doch nicht sonderlich überzeugend zu wirken vermag. Einwände kann man natürlich widerlegen, aber das Gefühl innerer Befriedigung lässt sich nicht erzwingen. Demgegenüber möchte ich zwei Gedankenreihen andeuten, die, wie ich glaube, über die noch verbliebene Schwierigkeit hinweghelfen, und von denen die erste der Denkungsart des Nichtrelativisten entgegenkommen soll.

Erstens: Jeder, der sich auch nur ein klein wenig mit Mathematik beschäftigt hat, wird wissen, dass ein mathematischer Ansatz häufig zu mehreren Lösungen führt, von denen doch nur eine unmittelbar zur Befriedigung der Aufgabe gebraucht werden kann. Durch eine Gleichung soll vielleicht eine Anzahl von Personen ausgerechnet werden, und neben einer positiven erhält man eine negative Zahl, auch wohl eine gebrochene, die hier natürlich sinnlos ist. In der analytischen Geometrie bekommt man oft sogenannte „imaginäre Wurzeln", die einer anschaulichen, geometrischen Deutung zunächst durchaus widerstreiten, und ähnlich steht es bei vielen andern Anwendungen. In allen diesen Fällen ist es aber sehr lehrreich, sich davon zu überzeugen, dass die gelieferten Ergebnisse, wenn sie auch keine unmittelbare praktische Verwendung finden, doch der mathematischen Logik nicht entbehren. Ich habe nun noch nie gehört, dass man es einer mathematischen Methode zum Vorwurf gemacht habe, dass ihre Lösungen über das praktische Bedürfnis noch hinausreichen.

Übrigens ist auch praktische Verwendbarkeit ein sehr relativer Begriff! Wir sehen in der Mathematik durchaus das

Bestreben, ihm eine weitherzige Auslegung zu geben; wir sprechen von „negativen Strecken", „negativen Flächeninhalten" usw., Begriffe, die auch zunächst unanschaulich sind und die ganz allein aus dem Grund eingeführt werden, dass man mit ihrer Hilfe die Ergebnisse der Ansätze zu deuten vermag.

Ähnlich steht es hier. Wir legen aus grundsätzlichen Erwägungen Wert darauf, die Naturgesetze so zu formulieren, dass sie unsere Fragen lösen, was immer wir für Voraussetzungen über Ruhe oder Bewegung machen wollen; aber ich kann es doch einem Naturgesetz nicht zum Vorwurf machen, dass es mir mehr liefert, als ich gebrauchen will. Ich bin auch nicht gezwungen, eine Vorstellung, die, noch dazu unter Annahme von allerlei Hilfshypothesen, den Naturgesetzen nicht geradezu widerstreitet, deshalb schon für Wirklichkeit zu nehmen. Ebenso wenig, wie ich gezwungen bin, jemanden, der nie mit dem Strafgesetzbuch in Konflikt gekommen ist, deswegen schon für einen anständigen Menschen zu halten.

Und übrigens: Was heißt hier „wirklich"? Sobald man einen Zustand der Ruhe als Ruhe schlechthin, als „wirkliche" Ruhe auffasst, nimmt man eben einen absoluten Raum an, und ihn entbehrlich zu machen, ist ja eben das Ziel der Relativitätstheorie.

Die zweite Gedankenreihe führt uns vielleicht noch näher an den Geist des Relativitätsprinzips heran. Will man sich die Relativität einer Bewegung klarmachen, so gelingt dies am besten, wenn man sich ein übergeordnetes System denkt, in dem der bewegte Gegenstand tatsächlich ruht. Will man sich den fahrenden Eisenbahnzug ruhend vorstellen, so denke man einfach daran, dass er ja auf der bewegten Erde fährt und mich niemand hindern kann, anzunehmen, dass seine Bewegung und die der Erde sich gerade aufheben, sodass ich tatsächlich den Eisenbahnzug mit noch höherem Recht als die Erde als ruhend ansehen kann. Nun ist es freilich bei ungleichförmiger Bewegung schwieriger, sich ein übergeordnetes System zu denken, in dem unser Zug in jedem einzelnen Augenblick ruht. Das Fixsternsystem kann es jedenfalls nicht sein; denn dass unser Zug nicht zu diesem dauernd in Ruhe gedacht werden kann, steht fest. Wir denken uns deshalb ein System noch über das Fixsternsystem hinaus. Wir stellen uns einen mächtigen, im übrigen physikalisch interessierten Geist vor, der mit einem kolossalen, noch über die Fixsterne hinausreichenden Lattengerüst in der Welt herumhantiert. Auf diesem Gerüst, das sonst gewichtslos gedacht ist, seien weithin sichtbar Kilometerzahlen und vielleicht auch Meterzahlen angebracht; auch kleine Wesen befinden sich darauf, die beobachten können. Nun führe unser Geist das Gerüst genau dem Eisenbahnzug nach, sodass also dieser von ihm aus gesehen ruhend, die ganze Erde aber als bewegt erscheint. In genau dem Augenblick, in dem das Eisenbahnunglück beginnt, stoppt unser Geist auch das Gerüst ab, sodass es in relativer Ruhe zum Eisenbahnzug bleibt. Die Gerüstwesen, die sich ausschließlich an ihre aufgetragenen Kilometerzahlen halten, bemerken nun natürlich eine mächtige Bewegung von Sonne, Mond und allen Sternen in der ursprünglichen Bewegungsrichtung des Gerüstes. Zwar bewegen sich diese regellos nach allen Richtungen; aber durch das Anhalten des Gerüstes ist natürlich die ihrer eignen Bewegung entgegengerichtete Komponente weggefallen.

Wie werden sie nun aber die Vorgänge im Zug deuten? Auf Trägheit werden sie sie nicht zurückführen können, denn er befand sich ja ihnen gegenüber dauernd in Ruhe! Sie werden also ein Gravitationsfeld annehmen, das die vorher bewegte Umgebung zur Ruhe brachte und im Zug alles durcheinander warf. Und worauf werden sie das Entstehen des Gravitationsfeldes zurückführen? Offenbar auf die von ihnen ja beobachtete starke Relativbewegung aller Himmelskörper gegen ihr System, die sie im Augenblicke des „Ruckes" des Systems wahrnehmen werden.

Wir besprechen nun einige Einwände, die man hiergegen machen kann. Zunächst könnte man sagen, dass diese plötzliche Einwirkung der doch sehr entfernten Himmelskörper ja eine zeitlose Fernwirkung darstelle, die doch eben von der neuen Theorie verpönt sei. Hierauf kann man nur mit dem Bedauern erwidern, dass wir unseren alten Äther nicht mehr besitzen. Hätten wir ihn noch, so könnten wir mit seiner Hilfe die einsteinsche Auffassung leichter klarstellen. Wir könnten uns vorstellen, dass die entfernten Himmelskörper gewisse Spannungen im Äther zur Folge gehabt hätten, und dass diese Spannungen sich zwar nicht bei gleichförmiger, wohl aber bei ungleichförmiger Bewegung bemerkbar machen und somit das plötzliche Entstehen des Gravitationsfeldes veranlassen. Nun, wo wir den Äther nicht mehr zur Verfügung haben, müssen wir alles auf das „Feld" zurückführen, aber in der Sache wird nichts geändert. Übrigens gebrauchte Einstein, um für die wechselnde Eigenschaft des Feldes eine konkretere Bezeichnung zu haben, doch wieder den Ausdruck „Äther", dem aber nach wie vor keinerlei stoffliche Eigenschaften zugesprochen werden dürfen. Freilich verhehlten manche sonst ganz gesinnungstüchtige Relativisten ihre Bedenken nicht, dass der eben erst aus der Physik „herausgeschmiss'ne Gast" wieder eingeführt werden sollte. Der grausame Witz, dass man diese Sorte „Äther" eigentlich gerade so gut „avoir" nennen könne, stammt natürlich nicht von mir. — Wir können auch sagen, die ungleichförmige Bewegung unseres Lattensystems fand nicht nur statt gegen die jetzigen, sondern auch relativ zu den früheren Stellungen oder Bewegungen der Sterne. Wollen wir also unserem Zug dauernde Ruhe zuschreiben, wobei wir konsequenterweise eine ungleichförmige Bewegung der Sterne behaupten müssen, so können wir diese Bewegung als früher erfolgt annehmen, nämlich als zu der Zeit erfolgt, in der die Sterne dort standen, wo sie vom Zug aus während des Unglücks gesehen wurden. Und wenn sich nun die Wirkung auf den Eisenbahnzug scheinbar momentan geltend macht, so ist das demnach keine Verletzung des Prinzips der Nahewirkung, es ist keine Behauptung zeitlos wirkender Fernkräfte. Ferner könnte man sagen: Es ist doch höchst sonderbar, dass unser physikalischer Weltgeist ausgerechnet in dem Augenblick sein Gerüst anhielt, wo der Zug den Stein auf den Schienen fand. Darauf ist zu erwidern: Natürlich können wir uns die ungleichförmige Bewegung des Lattensystems auch in jedem andern Zeitpunkt erfolgt denken. Dann werden Zug, Schienen und Landschaft dem entstehenden Gravitationsfeld völlig ungehindert nachgeben, der Eisenbahnzug, indem er sofort zu fallen anfängt, Schienen und Landschaft, indem sie ihre nunmehr ja nach „oben" gerichtete Bewegung verlangsamen. Relativ bleibt also alles ungeändert, und physikalisch geschieht einfach gar nichts. Diese Überlegung zeigt, dass es auch vom Standpunkt der allgemeinen Relativitätstheorie nicht etwa der Ruck des Lattensystems war, der den Zug verunglücken ließ, sondern nur der Stein auf den Schienen, der ihn am „Fallen" hinderte. Und was das unmotivierte Zusammentreffen zwischen dem Stein auf den Schienen und dem Ruck des Systems anlangt, so kommt hier die Willkürlichkeit unserer ursprünglichen Annahme zum Ausdruck. Es ist eben, populär gesagt, ziemlich verrückt, anzunehmen, dass der verunglückte Eisenbahnzug dauernd in Ruhe geblieben sei; das Beispiel stammt ja auch von einem Gegner der Relativitätstheorie, der ihr damit einen Knüppel zwischen die Beine werfen wollte. Es würde gewiss keinen Ruhmestitel unserer Lehre ausmachen, wenn sie die Verifizierung einer solchen, fast absurd zu nennenden Voraussetzung sozusagen aus dem Ärmel schütteln könnte. In der Willkür, die sie bei der Durcharbeitung zu Hilfe nehmen muss, zeigt auch sie eben die völlige Unnatur des eingenommenen Standpunktes.

Schließlich kann man Anstoß nehmen an den plötzlich entstehenden Gravitationsfeldern. Dies ist nun freilich der Kernpunkt der ganzen Theorie: die Behauptung, dass stark bewegte, wenn auch noch so ferne Massen durch ihre Relativbewegung eine weit stärkere Gravitationswirkung auszuüben vermögen, als es die bisherige newtonsche Auffassung zulässt. Auch unser Abschnitt über die Zentrifugalkräfte auf der Erde führte schließlich auf diesen entscheidenden Punkt. Für die Trägheit, nämlich für die auf der Erde wirkenden Zentrifugalkräfte, haben die Sterne insofern ganz sicher Bedeutung, als wir ja bloß an ihnen die ganze Rotationsbewegung der Erde feststellen können. Bei der sonstigen völligen Äquivalenz von Trägheit und Schwere erscheint es also nur konsequent, ihnen auch Schwerewirkungen zuzuschreiben.

Ein Einwand gegen unsere Darstellung ist natürlich möglich: Man kann sagen, die angenommenen Gerüstwesen werden beim plötzlichen Anhalten des Gerüstes auch ihrerseits den Ruck verspüren, hinpurzeln und sich somit auch über das gleiche Schicksal des Eisenbahnzugs weder wundern, noch Gravitationsfelder und dergleichen zur Begründung heranziehen.

Wer so spricht, steht eben auf dem Standpunkt einer Raumwirkung an sich, einer absoluten Raumauffassung. Und dieser ist natürlich zuzubilligen, dass sie in sich ebenso logisch und widerspruchsfrei ist wie die relativistische. Mit den Mitteln der Logik und auch der verschärften Logik, der mathematischen Analyse, kann zwischen beiden Anschauungen nicht entschieden werden. Nicht die Logik, sondern eine Art Instinkt, eine Intuition war es, die Einstein und schon lange vor ihm Mach der relativistischen den Vorzug geben ließen. Auf die Dauer freilich wird es mit Instinkt und Intuition nicht getan sein: die Tatsachen müssen entscheiden, und zu ihrer kurzen Würdigung wollen wir uns nun wenden.

4.6 Die Prüfung durch Tatsachen

Wenn sich auch unsere Schrift, schon um dem Leser die neuen Gedankengänge nahezubringen, auf den Boden der Relativitätstheorie stellen musste, so würde es sich doch nicht rechtfertigen lassen, sie nun als eine endgültig durch Beobachtungen bewiesene Tatsache zu behandeln. Es wäre ja dann auch unverständlich, dass einzelne hoch angesehene Gelehrte, wie z. B. der Münchener Astronom v. Seeliger, der Heidelberger Physiker Lenard u. a., unsere Theorie entschieden ablehnten. Die Haltung der Mehrzahl der Physiker und auch Mathematiker ist allerdings wesentlich freundlicher. Wir wollen möglichst objektiv zusammenstellen, was an Tatsachen etwa für oder gegen die Relativität geltend gemacht werden kann.

Die Abweichung in der Periheldrehung des Merkurs war oben schon besprochen. So klein sie ist, gilt sie doch als ganz zuverlässig erwiesen, und kein Geringerer als Leverrier, der Entdecker des Neptun, hatte ihren Betrag bereits errechnet. Lehnt man die einsteinsche Erklärung ab, so gerät man in eine schwierige Lage. Es ist nicht abzusehen, wie sie mit dem Newtonschen Gesetz anders in Einklang gebracht werden könnte als durch Auffindung des intramerkuriellen Planeten. Der ist nun trotz aller Mühe nie gesehen worden. Es bliebe noch die Möglichkeit, dass dieser Planet aus einer Masse ganz fein verteilten Staubs bestünde, und man hat geglaubt, auf diese Weise vielleicht auch noch eine andere rätselhafte Erscheinung aufklären zu können, nämlich das Zodiakallicht. Doch ist eine bestimmte Theorie, die natürlich über Masse, Ausdehnung, Lage usw. dieser hypothetischen Staubwolke bestimmte Annahmen machen und sie anhand der Beobachtungen, insbesondere der Zodiakallichterscheinung, prüfen müsste, bisher nicht aufgestellt. Aber die allgemeine Möglichkeit, dass ein bisher noch nicht beachteter Umstand vielleicht doch noch eine Übereinstimmung mit dem Newtonschen Gesetz ermöglicht, kann natürlich nicht ohne Weiteres von der Hand gewiesen werden.

Die Ablenkung der Lichtstrahlen durch die Sonne kann nun ganz unbedingt ein sehr starkes psychologisches Moment für sich beanspruchen: Die Theorie ist hier der Beobachtung vorausgeeilt. Wollte man etwa den Verdacht äußern, dass Einstein seine Formeln eben im Hinblick auf die Perihelbewegung des Merkurs „zurechtgemacht" habe, so ist ein ebensolcher Verdacht völlig unmöglich gegenüber der Ablenkung der Lichtstrahlen. Denn von ihr war vor Einstein absolut nichts bekannt. Es ist merkwürdig, aber doch Tatsache: So viele von kundigen Astronomen hergestellten fotografischen Aufnahmen totaler Sonnenfinsternisse auch existierten, bei dem großen Wert, der von jeher auf die Beobachtung dieses seltenen Phänomens gelegt worden war, fand sich unter ihnen nicht eine einzige, bei der eine Prüfung der behaupteten Wirkung möglich gewesen wäre. So musste eben eine neue Finsternis abgewartet werden, die dann Mai 1919 eintrat.

Die nun vorgenommenen Aufnahmen und mikroskopischen Messungen auf der Platte bestätigten im Großen und Ganzen Einsteins Vorausberechnungen, zeigten jedoch auch nicht ganz unerhebliche Abweichungen:

Stern	Verrückung in Bogensekunden in der Richtung			
Nr.[8]	von S. nach N.		von O. nach W.	
	beobachtet	berechnet	beobachtet	berechnet
11	+ 0,16	+ 0,02	− 0,19	− 0,22
5	− 0,46	− 0,43	− 0,29	− 0,31
4	+ 0,83	+ 0,74	− 0,11	− 0,10
3	+ 1,00	+ 0,87	− 0,20	− 0,12
6	+ 0,57	+ 0,40	− 0,10	+ 0,04
10	+ 0,35	+ 0,32	− 0,08	+ 0,09
2	− 0,27	− 0,09	+ 0,95	+ 0,85

---

[8] Stern Nr. 1 fehlt, weil er infolge der Sonnenkorona nicht genügend deutlich wurde, 7, 8, 9 aus anderen Gründen. Die Sterne sind nach ihrer Sonnennähe geordnet.

Wir haben hier die Zahlen nach einer Mitteilung v. Laues in den „Naturwissenschaften" 1920 S. 391 wiedergegeben (vgl. dazu auch die ausführliche Veröffentlichung von E. Freundlich a.a.O. S. 667).

Zur Bewertung wolle man sich immer wieder vorstellen, dass eine Sekunde dem Winkel entspricht, unter dem 1 mm aus einer Entfernung von 200 m erscheint! — An dem Bestehen der Ablenkung ist natürlich nicht zu zweifeln. Aber es wurde nun der Einwand erhoben, dass sie von der Strahlenbrechung in der Sonnenatmosphäre herrühre. Eine solche besteht allerdings sicher, so weit die Sonnenatmosphäre reicht. Ihre Größe würde abhängen von der Beschaffenheit, der Dichtigkeit, der Temperatur usw. des Gases.

Über alle diese Größen auch nur einigermaßen sichere, von der gegenwärtigen Beobachtung unabhängige Daten zu erhalten und mit ihrer Hilfe eine Theorie aufzustellen, die dann durch obige Zahlen als richtig zu bestätigen wäre, ist wohl ganz ausgeschlossen. Wohl aber könnte man aus den Beobachtungszahlen die notwendigen Annahmen über jene Daten der Sonnenatmosphäre herleiten. Aber auch dann würden Theorie und Praxis kaum besser übereinstimmen als in der einsteinschen, vor der Beobachtung aufgestellten Theorie. Auch macht E. Freundlich wohl mit Recht darauf aufmerksam, dass bei Annahme einer so ausgedehnten Sonnenatmosphäre, mindestens nach unseren irdischen Erfahrungen zu urteilen, das Sternenlicht sehr viel stärker absorbiert werden würde, als es die Beobachtung zeigte. Ja, nach seiner Behauptung würden dann die meisten der abgelenkten Sterne überhaupt nicht mehr auf der fotografischen Platte erschienen sein.

Noch andere Erklärungsversuche für die Ablenkung sind gemacht worden, auch die Zurückführung auf Erscheinungen, die wie die von Courvoisier angenommene sogenannte „jährliche Refraktion" zwar selbst noch höchst unsicher und umstritten sind, auch selbst im günstigsten Fall die Ablenkung nur zum Teil zu erklären vermöchten.

Wie die Dinge liegen, ist es wohl natürlicher, den Einstein-Effekt als reell anzusprechen und eher die Abweichung, die die Beobachtung zeigte, auf den Einfluss einer noch unbekannten Strahlenbrechung oder anderweitige Nebenumstände zurückzuführen.

Eine besonders große Rolle spielte in der öffentlichen Erörterung eine dritte Möglichkeit, die Relativitätstheorie durch Beobachtungen zu bestätigen: Die Frage der sogenannten „Rotverschiebung der Spektrallinien". Es hat damit folgende Bewandtnis: Bekanntlich folgen die Wellen einfarbigen Lichtes aufeinander in ganz regelmäßigen, ganz außerordentlich kurzen Zeitabständen. Eben wegen ihrer Regelmäßigkeit wären sie durchaus geeignet, als Zeitmesser, kurz gesagt, als Uhren zu dienen. Nun ist, wie wir wissen, auch der Gang der Uhren von ihrem Bewegungszustand abhängig; beschleunigte Bewegungen können aber, wie wir gesehen haben, durch Gravitationsfelder ersetzt werden; auch diese müssen also einen Einfluss auf den Uhrengang haben, und es wäre nicht schwer, zu zeigen, was uns hier freilich zu weit führen würde, dass alle Gravitationsfelder verzögernd auf den Uhrengang einwirken. Was nun die Lichtschwingungen anlangt, so sind hier die roten die langsamsten des Spektrums. Eine Verschiebung des Spektrums nach dem roten Ende hin entspricht also einer Verzögerung des Uhrengangs. Gemessen werden kann diese Vorschiebung nur an den in ihm auftretenden Linien, den sogenannten Fraunhoferschen Linien. Die Relativitätstheorie verlangt also zu ihrer Bestätigung den Nachweis, dass die Fraunhoferschen Spektrallinien, falls sie von Sternen mit starkem Gravitationsfeld herrühren, sich nach dem roten Ende hin verschieben.

Die große Schwierigkeit eines solchen Nachweises beruht nun darin, dass auch durch Bewegung im Sinne sich vergrößernder Entfernung eine solche Rotverschiebung eintritt. Denn in diesem Fall wird das Auge in der gleichen Zeit von weniger Schwingungen getroffen, als wenn die Lichtquelle ruhte; auch dann scheinen die Schwingungen langsamer zu werden, eine Rotverschiebung der Spektrallinien tritt ein. Die Trennung dieser von der Relativitätstheorie unabhängigen Erscheinung, „dem Dopplereffekt", von dem erwarteten Einsteineffekt macht praktische Schwierigkeiten. Ihre Lösung wäre am ehesten beim Sonnenspektrum zu erwarten, weil die Bewegung der Sonne gegen die Erde genau bekannt ist, also berücksichtigt werden kann. Trotzdem ist die Erscheinung noch nicht unzweifelhaft sicher nachgewiesen; die verschiedenen Beobachtungen stimmen noch nicht recht miteinander überein (Stand 1922); eine endgültige Lösung dieser Frage ist aber wohl zu erwarten.

Allzu groß ist der Tatsachenkreis, der eine unmittelbare Nachprüfung durch das Experiment gestattet, zweifellos nicht. Überblickt man ihn, so kann man sagen, dass jedenfalls keine einzige Tatsache bekannt ist, die der Relativitätstheorie widerspräche, dagegen mehrere, die der alten Auffassung mindestens Schwierigkeiten machen. Andrerseits muss man aber wohl zugeben: Angenommen, es wären Tatsachen von nicht größerem Umfang und in nicht größerer Zahl als die besprochenen gegen ein anerkanntes Naturgesetz, sagen wir etwa das Energieprinzip, bekannt geworden, so würden wir uns ganz zweifellos nicht veranlasst sehen, ein sonst so glänzend bewährtes Gesetz deswegen aufzugeben; es würde mit allen Kräften an der Aufhellung des Widerspruchs gearbeitet, schlimmstenfalls aber seine Beseitigung der Zukunft überlassen werden.

Ähnlich steht die Sache in unserem Fall. Wer die alte, absolute Raum- und Zeitauffassung für so bewährt hält, dass er sich wegen einiger im unendlichen Tatsachenbereich der Wissenschaft fast verschwindender Einzelheiten willen von ihr nicht zu trennen vermag, dem ist es nicht zu verübeln, dass er seine Überzeugung nicht sofort preisgeben will. Nicht wenige philosophisch gerichtete Physiker aber, wie vor allem die Anhänger des 1915 verstorbenen Ernst Mach, als deren Wortführer wir wohl Petzoldt ansprechen dürfen, hielten von vornherein die relativistische Auffassung für die unvergleichlich vollkommenere.

Ähnlich steht es auch mit der mathematischen Seite der Theorie. Schon lange vor Einstein war von Mathematikern, insbesondere von Riemann, eine Raumauffassung vertreten worden, die mit den Anforderungen der einsteinschen Physik durchaus übereinstimmt. Als im zweiten Jahrhundert v. Chr. der glänzende griechische Geometer Apollonius sein Buch über Kegelschnitte schrieb, konnten platt aufs Nützliche gerichtete Geister wohl fragen, was die Untersuchung solcher in der Natur nicht vorkommenden Kurven denn für einen „Zweck" habe. Der „Zweck" fand sich, als Kepler 18 Jahrhunderte später seine Gesetze aufstellte. Ganz ähnlich steht es, einmal die Richtigkeit der Relativitätstheorie vorausgesetzt, mit dem Verhältnis der einsteinschen Physik zu den riemannschen mathematischen Spekulationen. (Vgl. über diese sehr interessanten Dinge auch das Literaturverzeichnis.) Damit erledigt sich auch der Vorwurf des Plagiates, der Einstein gegenüber Mach, Riemann u. a. gemacht wurde.

Es ist ungefähr so sinnvoll, als wenn man Kepler vorwerfen wollte, er habe von Apollonius oder Richard Wagner habe von Schopenhauer „abgeschrieben", deswegen, weil in der Tat der Geist wagnerscher Musik mit der schopenhauerschen Philosophie durchaus übereinstimmt.

4.7 Kosmologische Folgerungen

Von den Schlüssen, die Einstein aus seiner veränderten Raum- und Zeitauffassung zog, hat keiner solches Aufsehen erregt wie der, der die Unendlichkeit der Welt bestreitet und statt ihrer ein zwar grenzenloses, aber in sich geschlossenes, endliches Universum behauptet. Wollen wir in diese Fragen eindringen, so ist es wohl am besten, an ein Bild anzuknüpfen, das Helmholtz in seiner berühmten Abhandlung: „Über die geometrischen Axiome" gebraucht hat. Er spricht dort von gedachten „Flächenwesen", die nur in zwei Dimensionen, also beispielsweise in einer Ebene leben, alle Sinneseindrücke nur aufnehmen können, sofern sie aus dieser Ebene stammen, allen aus der dritten Dimension herrührenden Vorgängen hingegen völlig gefühllos gegenüberständen. Sie würden es beispielsweise nicht merken, wenn man sie von oben mit einem Stein bewirft! Freunden solcher Spekulationen möchte ich übrigens den satirischen Aufsatz Fechners: „Der Schatten ist lebendig" empfehlen.

Wir wollen noch die Zusatzhypothese machen, dass diesen Wesen nur ein kleines Gebiet, sagen wir ein Garten, zur Verfügung steht. Im Verhältnis zur Erde ist das immer noch viel mehr, als der uns Menschen im Vergleich zur Sternenwelt erreichbare Raum. Nun sei unter diesen Wesen ein Streit darüber ausgebrochen, ob sie eigentlich auf einer Ebene oder auf einer Kugeloberfläche wohnen; die Mehrheit entscheide sich für eine Ebene, die Minderheit, unter ihnen aber gerade die schlaueren Köpfe, für eine Kugeloberfläche. Die Entscheidung wird sehr schwer sein, aus folgenden Gründen: Wir als dreidimensionale Wesen erkennen sofort den Unterschied zwischen Ebene und Kugeloberfläche in der Anschauung. Aber dazu ist eben die dritte Dimension durchaus notwendig! Stellen wir uns ein eindimensionales Wesen vor, das sich etwa durch Streckung und Zusammenziehung, ungefähr wie ein Regenwurm, nur ganz streng linienförmig gedacht, vorwärts schiebt. Der Unterschied zwischen einer geraden und einer krummen Linie wird einem solchen Wesen offenbar nie anschaulich werden können. Denn alle Definitionen oder Operationen, die eine gerade Linie als solche auszeichnen — kürzeste Verbindung zwischen zwei Punkten; Linie, die beim Umklappen mit sich selbst in Deckung bleibt —, setzen mindestens eine Fläche voraus. Ebenso kann auch der Unterschied zwischen einer Ebene und einer krummen Fläche nicht im zweidimensionalen Gebiet veranschaulicht werden. Hierzu wäre es durchaus nötig, sie in den dreidimensionalen Raum sozusagen einzubetten. Auch mit den Mitteln mathematischer Deduktion ist die Frage, ob Ebene oder Kugeloberfläche, nicht zu lösen. In sich widerspruchslose Gebilde sind beide, beide existieren demnach in mathematischem Sinn. Bei unserer Voraussetzung einer nur beschränkten Bewegungsfreiheit unserer zweidimensionalen Wesen auf der Kugeloberfläche ist eine Entscheidung überhaupt nicht zu treffen.

Nun wollen wir sogar noch diese Beschränkung fallen lassen und unseren zweidimensionalen Freunden eine erhebliche Reisefreiheit einräumen. Nur Erdumschiffung allerdings sei ihnen noch nicht gestattet. Nun, wird man denken, kann ihnen eine Entscheidung über die mathematische Natur ihrer Heimat nicht schwerfallen; zwar eine anschauliche Darlegung des Unterschieds der beiden möglichen Auffassungen ist auch jetzt noch, wie wir wissen, ausgeschlossen. Aber trotzdem sollte man denken, ist die Erledigung der Frage nicht schwer. Eine Krümmung der Erdoberfläche lässt sich ja sehr leicht feststellen, auch wenn wir die bekannten, oft gehörten Gründe, dass bei Schiffen die Mastspitzen zuerst sichtbar werden, dass der Horizont sich auf Bergen erweitert usw., nicht gelten lassen, weil sie ja dreidimensionale Anschauung voraussetzen. Aber man braucht ja nur die Winkel eines beliebigen Dreiecks nachzumessen; in der Ebene ist ihre Summe bekanntlich stets gleich zwei Rechten. Auf der Kugeloberfläche aber können die Linien keine Geraden im gewöhnlichen Sinne sein; nehmen wir an, sie würden durch Spannung von Fäden erhalten, so würde sich nun die Winkelsumme stets größer als zwei Rechte herausstellen. Bei der Ausmessung der Winkel aber werden keinerlei dreidimensionale Vorstellungen zu Hilfe genommen, sie ist jenen Wesen also durchaus möglich.

Aber nun kommt der Hauptpunkt. Der Fundamentalsatz, dass die Winkel im Dreieck zwei Rechte betragen, gilt nur in der euklidischen Geometrie. In einer nichteuklidischen, die in sich gleichfalls durchaus logisch ist, kann die Summe größer sein. Sollten also jene Wesen beim Ausmessen der Winkel eines Dreiecks mehr als zwei Rechte feststellen, so hätten sie immer noch völlige Freiheit, zu entscheiden: Aha! Endlich ist bewiesen, dass der alte Herr Euklid doch unrecht hatte. Wir sehen's ja, dass die Dreieckswinkel nicht zwei Rechte ausmachen, wie er es uns hat glauben machen wollen, sondern mehr. Oder auch: Euklid hat selbstverständlich recht, und wir wissen nun endlich, dass wir auf einer Kugeloberfläche wohnen. Es ist kaum nötig, hinzuzufügen, dass bei Annahme einer Ebene eine unendlich große Welt, im Fall einer Kugeloberfläche eine zwar grenzenlose, in sich geschlossene, aber doch endliche Welt angenommen wird.

Wir sehen also: Die Geometrie ist sozusagen der Maßstab, mit dem gemessen wird, und je nach seiner Wahl ist eine endliche oder eine unendliche Welt das Ergebnis.

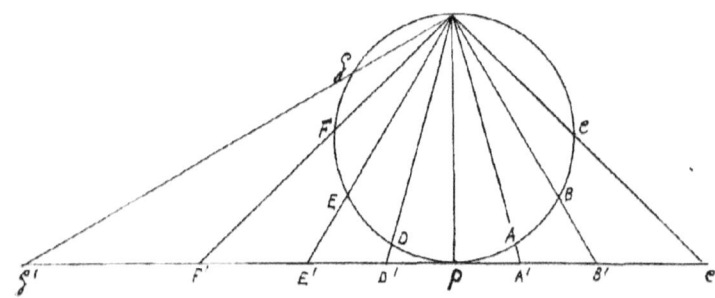

Folgende Überlegung macht dies vielleicht noch etwas deutlicher: Wir sind gewohnt, dass Maßstäbe absolut unveränderlich, wie man sagt „starr" bleiben. Nichtsdestoweniger ist diese Annahme vom Standpunkt der Relativitätstheorie aus durchaus willkürlich. Von uns aus gesehen sind in obenstehender Figur die Strecken *PA, AB, BC* und auch *PD, DE, EF, FG* alle gleich groß, während die entsprechenden Strecken *PA', A'B', BC'* und *PD', D'E', E'F', F'G'* von P aus nach beiden Seiten größer werden. Nehmen wir nun an, es gehe ein Mann auf der geraden Linie und messe mit einem Maßstab, der immer wachse, je weiter er sich von *P* entfernt. Ihm werden dann die Strecken *PA', A'B', B'C'* usw. alle gleich groß erscheinen. Seine Maßresultate sind also dieselben wie die unseren auf dem Kreis; findet er dieses

Ergebnis, das unsere Figur nur in einer Richtung andeutet, in allen Richtungen, so wird er die gerade Linie für gebogen und die Ebene für eine Kugeloberfläche halten. Nehmen wir umgekehrt einen Beobachter an, der auf dem Kreis von P aus mit einem sich ständig verkürzenden Maßstab misst; die gleichen Strecken *PA, AB, BC* usw. scheinen sich ihm dann ebenso zu dehnen, wie uns *PA', A'B', BC'*, er wird also wähnen, von P aus auf einer geraden Linie zu wandern und dementsprechend die endliche Kugeloberfläche als eine unendliche Ebene erklären.

Wir sehen also: Es ist eine Frage der gewählten Geometrie und der damit zusammenhängenden Prinzipien der Messung, ob ich dieselbe Fläche als unendliche Ebene oder als endliche Kugeloberfläche deuten will.

Nun erst kehren wir von den Helmholtzschen Flächenwesen zu unserem dreidimensionalen Problem zurück. Hier versagt natürlich die Anschauung vollkommen. Denn wollten wir den Unterschied von dem unendlichen euklidischen Raum und einem endlichen geschlossenen Raum, der im dreidimensionalen Gebiet der zweidimensionalen Kugeloberfläche entsprechen würde, anschaulich vorführen, so wäre die Einbettung in den vierdimensionalen Raum ebenso erforderlich, wie bei jener Vorfrage in den dreidimensionalen. Unserer Anschauung steht aber der vierdimensionale Raum in keiner Richtung zur Verfügung, auch nicht als Hilfsvorstellung.

Es ist für den Mathematiker eine längst bekannte Tatsache, dass es verschiedene Geometrien gibt, je nach den Axiomen, die zugrunde gelegt werden, und die ja, mathematisch betrachtet, willkürlich sind. Die Wahl der Geometrie entscheidet aber, wie das Vorangegangene zeigte, über die Auffassung unseres Raumes. Unter der Voraussetzung einer einigermaßen gleichmäßigen Erfüllung des Raumes durch Materie erfordert die Allgemeine Relativitätstheorie eine Riemannsche und nicht eine Euklidische Geometrie. Sie verlangt ferner einen endlichen, in sich geschlossenen Raum. Es würde uns indessen zu weit führen, auseinanderzusetzen, warum trotz der engen Verbindung zwischen Raum und Zeit hieraus keineswegs die Endlichkeit der Zeit folgt, wie dies mitunter irrtümlich behauptet wird.

Nun liegt freilich ein Einwand nahe. Man könnte sagen: Ich postuliere eben eine euklidische Welt, denke in ihrer Mitte ein großes rechtwinkliges Achsenkreuz und setze meinen Kilometermaßstab einmal über das andere Mal an; was kann dabei Schlimmes passieren? Ich kann doch auch nicht auf Bretter stoßen, mit denen die Welt vernagelt ist, das Messen geht immer weiter, und somit ist eben die Welt unendlich. Hierauf ist zu erwidern: Der Standpunkt ist rein mathematisch absolut unwiderleglich; die geometrische Widerspruchslosigkeit des euklidischen Raumes kann niemand bezweifeln; es fragt sich nur, ob er physikalisch zweckmäßig ist. Wenn z. B. die Linien, längs denen wir unseren Maßstab anlegen, nicht die sind, auf denen sich das Licht bewegt, auch nicht die, auf denen ein sich selbst überlassener Körper weiterfliegt, so werden wir stutzig werden und uns fragen, mit welchem Recht wir sie dann noch als „Gerade" bezeichnen, und ob es nicht geratener ist, die Geometrie zu wechseln, statt die ganze Physik auf den Kopf zu stellen. Hierzu kommt noch Folgendes:

Die Welt ist nicht stetig! Sie weist vielmehr im Großen eine unstetige Anordnung von Weltkörpern, Materie und Energie auf bis hin zu den großräumigen Strukturen wie Galaxien und Galaxienhaufen und im Kleinen die Elementarteilchen und Atome. Nehmen wir nun an, unser euklidischer Beobachter sei mit seinem Kilometermaßstab in die Welt geschickt worden, um sie auszumessen. Er durchwandert zunächst die nähere Umgebung des Sonnensystems, sagen wir einige Hundert Lichtjahre. Er stellt bei dieser Gelegenheit eine gewisse Durchschnittsgröße der Sterne fest. Nun erst wandert er frei ins Universum hinaus. Wenn nun beim Weiterschreiten durchschnittlich, von individuellen Verschiedenheiten abgesehen, die Sterne immer größer und größer werden, so wird der Mann sich sagen: Hier stimmt was nicht! Warum soll denn in der ganzen großen Welt gerade mein Ausgangspunkt die Eigentümlichkeit haben, dass von ihm aus betrachtet die Weltkörper immer wachsen und wachsen, je weiter ich komme. Es wird wohl am Maßstab liegen! Der wird offenbar immer kleiner und kleiner und spiegelt mir so das Größerwerden der Sterne und die Unendlichkeit der Welt bloß vor. Nehme ich, wie in obiger Figur, an, ich befinde mich auf der gebogenen und in sich geschlossenen, statt der geraden, ins Unendliche verlaufenden Linie, so hören die offenbar unnatürlichen Zerrungen sofort auf. Und wie mit den Himmelskörpern im Großen, so steht es mit den Atomen im Kleinen. Denn dass alle Himmelskörper Atome aufweisen, die mit den unseren identisch sind, kann nach den Ergebnissen der Spektroskopie als bewiesen gelten. So kann also nur die physikalische, niemals die rein mathematische Betrachtung die Frage nach der zu wählenden Geometrie und die damit zusammenhängende nach der Endlichkeit oder Unendlichkeit der Welt entscheiden. Wir haben sogar noch ein einfacheres Kriterium, als das oben angegebene: In einer endlichen Welt hat nur eine endliche Zahl von Himmelskörpern und demnach auch von Atomen Platz. Die Zahl der Himmelskörper im Großen und der Atome im Kleinen ist es also, die letzten Endes die Frage nach der Endlichkeit oder Unendlichkeit der Welt entscheiden muss. Diese Zahlen muss die allgemeine Relativitätstheorie, und das ist in der Tat ihre merkwürdigste Folgerung, als endlich annehmen.

Einstein hat sogar eine Formel für die Größe seines Weltraums angegeben; sie setzt aber die Kenntnis der durchschnittlichen Massenverteilung in der Welt voraus, über welche Größe doch nur recht unsichere Annahmen gemacht werden können.

Es scheint, als ob die einsteinsche Auffassung die Astronomie aus einer sonst peinlichen Verlegenheit befreien könnte. Nimmt man nämlich an, dass der Raum unendlich groß ist, und dass die Sterne in ihm durchschnittlich gleichmäßig verteilt seien — lokale Unregelmäßigkeiten können wir sogar noch zulassen —, so gerät man in eine eigentümliche Schwierigkeit. Wir denken uns um uns als Mittelpunkt eine Kugel von so großem Radius beschrieben, dass kleinere Ungleichheiten ausgeglichen sind. Die in ihm vorhandenen Sterne senden uns eine gewisse Menge Licht. Nun nehmen wir den Kugelradius doppelt so groß. Jetzt wird jeder Stern durchschnittlich die doppelte Entfernung aufweisen, sein Licht also nur im vierten Teil seiner vorigen Stärke wahrgenommen werden. Aber dafür hat sich der Rauminhalt der Kugel und mit ihm, wenn wir von der Voraussetzung gleichmäßiger Verteilung ausgehen, die Anzahl der Sterne verachtfacht; das uns gelieferte Licht wird sich also immerhin verdoppelt haben. Und da wir natürlich in dieser Weise fortfahren können, den Radius der Kugel, wie groß er auch immer gewesen sein mag, wiederum verdoppeln, verdreifachen, vervierfachen können, so müsste schließlich jede Stelle des ganzen Himmels durchschnittlich in Sonnenhelligkeit erstrahlen. Um dieser natürlich unmöglichen Folgerung zu entgehen, müsste man seine Zuflucht zu dunklen Massen oder einer Lichtabsorption des Raumes, jedenfalls zu einer ad hoc erfundenen Hypothese nehmen. Auch dann würde die entsprechende Schwierigkeit bezüglich der Gravitationswirkung der Sterne bestehen bleiben. Danach muss also die Astronomie ohnehin von der Annahme einer gleichmäßigen Verteilung aller Sterne bis in alle Unendlichkeit absehen.

Freilich können alle diese Spekulationen nur mit einem Fragezeichen geschlossen werden, das schon aus allgemeinen erkenntnistheoretischen Gründen offenbleiben muss. Sie gelten ja auch nur unter der Voraussetzung einer gleichmäßigen Erfüllung des Raumes durch Materie, einer Annahme, die weder astronomisch nachprüfbar, noch mit den Grundlagen der allgemeinen Relativitätstheorie in einem notwendigen Zusammenhang steht. Wenn ich trotz erheblicher Bedenken das vorstehende Kapitel aufgenommen habe, so geschah dies nicht nur, weil sein Fehlen in den früheren Auflagen von sehr hochgeschätzter Seite als Mangel empfunden wurde, sondern auch, weil diese Fragen tatsächlich das allgemeine Interesse in ungewöhnlich starkem Maß erregt haben, der Leser eine Stellungnahme zu ihnen also erwarten darf. Auch scheinen sie mir in anderen populären Schriften über unser Thema nicht durchweg mit der gerade hier notwendigen Vorsicht behandelt zu sein.

4.8 Vergleich mit Kopernikus

In der Bewunderung des Scharfsinns und noch mehr der fabelhaften geistigen Selbstständigkeit eines Lorentz, Minkowski und vor allem Einstein ist sich wohl alle Welt einig. Aber mehr als an solchen Werturteilen wird dem Leser an einer sachlichen Charakterisierung der Leistung dieser Forscher liegen, die am besten durch einen Vergleich gegeben wird. Er ist denn auch schon längst gefunden. Von allen Großtaten im Gebiet der Naturwissenschaft hat keine mit der Einsteins so viel Ähnlichkeit wie die des Kopernikus, wobei es uns auch wieder mehr auf Hervorhebung sachlicher Gesichtspunkte als auf Werturteile ankommt. Wie mir scheint, geht der Vergleich sehr viel weiter, als gemeinhin angenommen wird, und das liegt an einer meist unrichtigen Beurteilung, nun aber nicht etwa der Relativitätstheorie, sondern des Kopernikus. Der Nichtastronom denkt vielfach, dass es die einzige oder doch wenigstens die Hauptaufgabe der Astronomie sei, festzustellen, ob sich die Erde bewege, und da Kopernikus diese Aufgabe endgültig gelöst habe, so sei er eben „der" Astronom für alle Zeiten. Aber von dieser Auffassung kann natürlich gar keine Rede sein. Die Astronomie hat wie jede andere Naturwissenschaft die Aufgabe, zu beobachten und die Beobachtungen, grundsätzlich gesammelt und geordnet, in einer Theorie wiederzugeben. Die zweite Aufgabe leistete die Astronomie jener Zeit in einer für heutige Begriffe nur sehr mangelhaften Weise, und es liegt an dem kinematischen Relativitätsprinzip, dass die kopernikanische Auffassung ihr dabei kaum helfen konnte. Was diese für sich geltend machen konnte, war natürlich auch nicht eine bessere Einordnung der Tatsachen in die Theorie, sondern nur eine außerordentliche Vereinheitlichung der gesamten Theorie durch prinzipielle Hervorkehrung eines völlig neuen Gesichtspunktes. Dabei hätten große Teile nicht etwa nur der praktischen, sondern auch der theoretischen Astronomie durch den neuen Gesichtspunkt ganz unverändert bleiben und vollständig in die neue, kopernikanische Theorie mit übernommen werden können. Ganz ebenso wird es sehr großen Teilen der Physik und fast der gesamten Astronomie gegenüber der Relativitätstheorie gehen. Was beide Anschauungen zunächst für sich geltend machen konnten, waren nicht etwa in erster Linie Tatsachen, sondern das große innere Gewicht, das die Vereinheitlichung und Vereinfachung der ganzen Theorie für sich geltend machen konnte. Wurden nun aber endlich wirklich schlüssige Beweise verlangt, so ist es für beide Theorien, die doch so fundamental umstürzend wirkten, überaus bezeichnend, dass die Beweise nur in der Beobachtung ganz winziger, nur eben noch wahrnehmbarer Größen gefunden werden konnten. Der erste wirkliche „Beweis" für die kopernikanische Theorie lag in der Feststellung der jährlichen Periode der Aberration, die wir im Kapitel 3.4.3 (S. 50ff) besprachen und die erst einem geübten Beobachter mit einem leistungsfähigen Fernrohr gelingen konnte. Solch winzige Größen können schließlich Bedeutung gewinnen, selbst in den großen Fragen der Weltanschauung.

Wenn nun häufig eingewandt wird, dass die Frage der Relativitätstheorie nie so einschneidend werden könne für die Fragen der Weltanschauung wie die des heliozentrischen oder geozentrischen Systems, und dass sie ferner für das große Publikum auch schon deswegen keine allzu große Bedeutung gewinnen könne, weil sie dafür viel zu schwer verständlich sei, so muss erwidert werden, dass es ebenso schwer ist, sich vorzustellen, was im Reformationszeitalter ein Durchschnittskopf von Kopernikus verstanden haben mag, als vorauszusagen, wie weitgehend in einigen Jahrhunderten die Relativitätstheorie die Gemüter beeinflusst. haben wird. Was einschneidender ist, die allerdings außerordentlich eindrucksvolle, sozusagen „extensive" Umstellung des Sonnensystems, oder die vielleicht weniger großartige, aber doch sehr tief eindringende „intensive" Umdeutung unserer Raum- und Zeitvorstellung, können wir dahingestellt sein lassen. Worauf es in erster Linie ankommt, ist das, dass beide Lehren den Mut fanden, um einer Vereinfachung und Vereinheitlichung der Theorie willen einen als absolut überkommenen Begriff zu relativieren. Denn auch in des Kopernikus Leistung ist das Große die Relativierung des Begriffs der Ruhe, der früher in der ruhenden Erde als schlechthin absolut erschien.

Auch die Widerstände, die sich gegen beide Fortschritte geltend machen, sind ganz ähnlicher Art. Gerade die Relativierung des früher absolut Gesetzten empfindet das öffentliche Bewusstsein als eine Vernichtung psychologischer Werte und setzt sich zur Wehr. Alltägliche Erfahrungen, dort die der Ruhe der Erde, hier die der Starrheit der Raum- und Zeitmaßstäbe, machen sich mit immer erneuter Wucht geltend und beanspruchen unbedingte Gültigkeit weit über das Gebiet ihrer ursprünglichen Erfahrung hinaus. Und hiergegen führt die von der Theorie unterstützte Kritik ihren zähen Kampf. Ob dieser auch bei der Relativitätstheorie mit einem endgültigen und vollen Sieg der Ideen enden wird, muss die Zukunft lehren. In einem Punkt freilich wird ihr wohl ein leichterer Kampf beschieden sein als seinerzeit der kopernikanischen Lehre: Nicht das wurde Kopernikus in erster Linie verübelt, dass er die Erde sich bewegen ließ, insofern diese ein physikalisches System darstellte; vielmehr wurde die Erde auch als religiöser Begriff betrachtet. Dass der Schemel der Füße Gottes, der Schauplatz der Taten des Welterlösers, nicht mehr sein sollte als Venus oder Mars, das verletzte die Zeitgenossen Luthers in ihren tiefsten Tiefen. Gegen wirkliche oder vermeintliche Werte dieser Art braucht unsere neue Lehre nicht anzukämpfen. Und so wird denn der Streit um sie keinen Bruno auf den Scheiterhaufen, keinen Galilei vor oder gar in die Folterkammer führen. Zumal sich ja wohl seit jener Zeit die Achtung vor fremder Überzeugung und die allgemeine Gesittung gehoben hat, wenn auch noch so viele und noch so bekannte Tatsachen beweisen, dass man seine Anforderungen in dieser Hinsicht nicht allzu hoch stellen darf.

5 Zur Literatur

5.1.1 Wissenschaftliche.

Die grundlegenden Abhandlungen von Lorentz, Einstein, Minkowski sind bequem zugänglich in „Fortschritte der Math. Wissenschaften in Monographien", hrsg. von O. Blumenthal. Bei Teubner Heft 1, 1910; Heft 2, 1918. M. v. Laue: „Das Relativitätsprinzip". Braunschweig 1911. Die allgemeine Relativitätstheorie behandelt H. Weyl: „Raum, Zeit, Materie," 8. Aufl. Berlin 1920.

5.1.2 Populäre

Wir beschränken uns auf Schriften, die über die vorliegende hinausführen: A. Einstein: „Spezielle und allgemeine Relativitätstheorie." Sammlung Vieweg. 12. Aufl. Eine gute elementar-mathematische Einführung in die spezielle Relativitätstheorie gibt W. Bloch: „Aus Natur und Geisteswelt" (Teubner) Bd. 618. Adam Angersbach, Bd. 39 der Math.-Physik. Bibliothek (Teubner) bringt zahlreiche, sorgfältig durchgeführte Rechenbeispiele. Eine ausführliche, sehr gute Darstellung gibt: Max Born: „Die Relativitätstheorie Einsteins und ihre physikalischen Grundlagen"; Springer Berlin. — Aus der Math.-Physik. Bibliothek weisen wir auch hin auf Bd. 17: W. Brunner: „Dreht sich die Erde" und Bd. 40: Kirchberger: „Mathematische Streifzüge durch die Geschichte der Astronomie".

Eine ganz vortreffliche Einführung in die allgemeine Relativitätstheorie gibt M. Schlick: „Raum und Zeit in der gegenwärtigen Physik", 3. Aufl., Springer, 1920. Die „Grundlagen der Einsteinschen Gravitationstheorie" von Erwin Freundlich, 4. Aufl., Springer, 1920, sind mathematisch gehalten. Über den Zusammenhang mit geometrischen Fragen verweisen wir in erster Linie auf Arthur Haas: „Die Physik als geometrische Notwendigkeit", „Die Naturwissenschaften" 1920 S. 121; Derselbe: „Axiomatik der modernen Physik" a. a. O. 1919 S. 744, und Helmholtz, Vorträge und Reden 2. Bd. S. 1. Braunschweig 1896. Empfohlen sei auch: A. Einstein: „Dialog über die Einwände gegen die Relativitätstheorie", „Die Naturwissenschaften" 1918 S. 697.

5.1.3 Philosophische

Wir verweisen in erster Linie auf J. Petzoldt: „Stellung der Relativitätstheorie in der geistigen Entwicklung der Menschheit", Dresden, Sibyllenverlag 1921. Die Schrift steht auf dem Standpunkt des Machschen Positivismus. Auf dem Standpunkt des Kantschen Systems steht Ernst Cassirer: „Zur Einsteinschen Relativitätstheorie", Berlin 1921 (Bruno Cassirer). Ähnlich Ilse Schneider: „Das Raum-Zeitproblem bei Kant und Einstein" (Springer 1921), während Hans Reichenbach: „Relativitätstheorie und Erkenntnis a priori" auf anderm Standpunkt steht. Schließlich erwähnen wir Otto Siebert: „Albert Einsteins Relativitätstheorie und ihre kosmologischen und philosophischen Konsequenzen." Langensalza 1921.

Bände der Reihe Wissenschaftliche Bibliothek

Bd. 1: K.-D. Sedlacek, *Äquivalenz von Information und Energie*

Bd. 2: K.-D. Sedlacek, *Supervereinigung*

Bd. 3: K.-D. Sedlacek, *Synthetisches Bewusstsein*

Bd. 4: Kurd Laßwitz u. K.-D. Sedlacek (Hrsg.), *Vereinbarkeit von Religion und Naturwissenschaft*

Bd. 5: N. Wrobel u. K.-D. Sedlacek, *Leben aus Quantenstaub*

Bd. 6: N. Wrobel u. K.-D. Sedlacek, *Quantenbewusstsein*

Bd. 7: N. Wrobel u. K.-D. Sedlacek, *Was ist Krankheit?*

Bd. 8: C. L. Schleich u. K.-D. Sedlacek (Hrsg.), *Bewusstsein und Unsterblichkeit*

Bd. 9: K.-D. Sedlacek, *Die letzten Ursachen. Das Buch der Naturerkenntnis*

Bd. 10: Prof. Dr. M. Schlick u. K.-D. Sedlacek (Hrsg.) *Naturphilosophie: Das Wesen von Naturgesetzen und die Erklärung des Lebens*

Bd. 11: Moritz Cantor u. K.-D. Sedlacek (Hrsg.), *Das Gesetz im Zufall: Wie sich verborgene Gesetzlichkeit manifestiert.*

Bd. 12: K.-D. Sedlacek, *Kleines Wörterbuch der Natur-Philosophie: 1200 Begriffe, die man kennen sollte, kurz und prägnant*

Bd. 13: Prof. Dr. M. Schlick u. K.-D. Sedlacek (Hrsg.), *Jenseits der Erscheinungen: Erkennbarkeit und Realität der Quantennatur*

Bände der Reihe Wissenschaft gemeinverständlich

Bd. 1: K.-D. Sedlacek, *Unsterbliches Bewusstsein: Raumzeit-Phänomene, Beweise und Visionen*

Bd. 2: K.-D. Sedlacek, *Der Widerhall des Urknalls: Spuren einer allumfassenden transzendenten Realität jenseits von Raum und Zeit*

Bd. 3: K.-D. Sedlacek, *Leben nach dem Leben: Befreiung des Bewusstseins von den Fesseln der Zeit*

Bd. 4: K.-D. Sedlacek u. N. Wrobel, *Die Lebenskraft: Wie Enzyme, Bewusstsein und quantenbiologische Effekte das Leben regulieren.*

Fantastische Welt Romane

Bd. 1: K.-D. Sedlacek, *Parallelwelt-Universum und die Suche nach der Weltformel*

Bd. 2: K.-D. Sedlacek, *Marskolonie Eos: und die verschwindende Realität*

Bd. 3: K.-D. Sedlacek, *Korakar: Geheimnisvolles Leben unter ewigem Eis*

Bd. 4: Hans Dominik, K.-D. Sedlacek (Hrsg.), *Die Spur des Dschingis-Khan*

Bd. 5: Moriz Hoernes, K.-D. Sedlacek (Hrsg.), *Atlantis: Die Rückkehr der Götter*

Jules Verne, K.-D. Sedlacek (Hrsg.), *Herr der Welt*

Sonstige Romane

Robert Louis Stevenson, K.-D. Sedlacek (Hrsg.), Vito von Eichborn (Hrsg.), *Prinz Otto oder Der Phönix und die Freiheit: Roman über Intrigen und Macht, Verrat, Hinterlist und wahre Liebe - vom Autor der 'Schatzinsel' und von 'Dr. Jekyll und Mr. Hyde'*

Bände der Reihe Abenteuer Naturwissenschaft

Bd. 1: Wilhelm Ostwald et. al. u. K.-D. Sedlacek (Hrsg.), *Der Stein der Weisen: Wie die Alchemie zur Chemie wurde.*

www.ingramcontent.com/pod-product-compliance
Lightning Source LLC
Chambersburg PA
CBHW020439220526
45464CB00002B/767